热烈祝贺我司设计的两个项目获得
2013年度中国勘察设计协会优秀设计奖

深圳市東大建築設計有限公司
SHENZHEN DONGDA ARCHITECTUAL DESIGN.,Ltd

東南大學建築設計研究院有限公司深圳分公司
Architectural Design & Research,Southeast University, Shenzhen Branch.,Ltd

深圳市东大建筑设计有限公司，建筑工程综合甲级设计机构，以东南大学雄厚的建筑学科与人才优势为背景，20多年深圳设计之都的历练，在建筑界享有盛誉的"东大设计"品牌。专业的建筑设计服务涵盖了前期策划咨询、规划设计、建筑工程设计、医疗专项设计统筹、室内及景观设计等建筑全过程设计。

"东大设计"现有员工150余人，拥有众多的技术人才，丰富的实践经验，严格的管理制度，完善的质保体系。致力于成为深圳乃至国内一流的设计服务公司，为顾客提供最专业和更优质的服务。

ARCHITECTURE   **PLANNING**
建筑设计   总体规划

INTERIOR DESIGN   **LANDSCAPE DESIGN**
室内设计   景观设计

地址：深圳市深南中路6031号杭钢富春商务大厦8楼
add: No.6031, 8th Floor, Fuchun Commercial Building, Shennan Road, Shenzhen, China
e-mail: ddfy_szb@21cn.net
Tel.：0755-82999545
fax：0755-82995667
www.seusz.com

万科·金色沁园
荣获2013年度中国建筑勘察设计协会优秀设计二等奖

龙跃·新世纪广场

深圳易思博科技大厦

上海中建設計

恪守誠信原則
聚焦客戶需求
打造精品設計
呈現優質服務

上海中建建筑设计院有限公司，成立于1984年，隶属于中国建筑工程总公司，是国家批准的拥有建筑工程设计甲级、装饰设计甲级、风景园林设计乙级、城市规划编制乙级资质的综合性设计公司。公司是中国勘察设计协会和上海市勘察设计协会会员单位，较早通过了ISO9000质量体系认证。2011年被授予首批"全国诚信单位"，并入选为中国2010年上海世博会建筑设计类九家推荐服务供应商之一。

新疆库尔勒朱拉新世纪
项目地点：新疆省库尔勒市
设计时间：2013年

上海中建建築設計院有限公司
SHANGHAI ZHONGJIAN ARCHITECTURAL DESIGN INSTITUTE CO., LTD.

上海中建·上海总部
浦东新区东方路989号
中达广场12楼
电话：86-21-6875 8810

上海中建·西安分院
西安市高新区高新路88号
尚品国际B座18层
电话：86-29-8837 8506

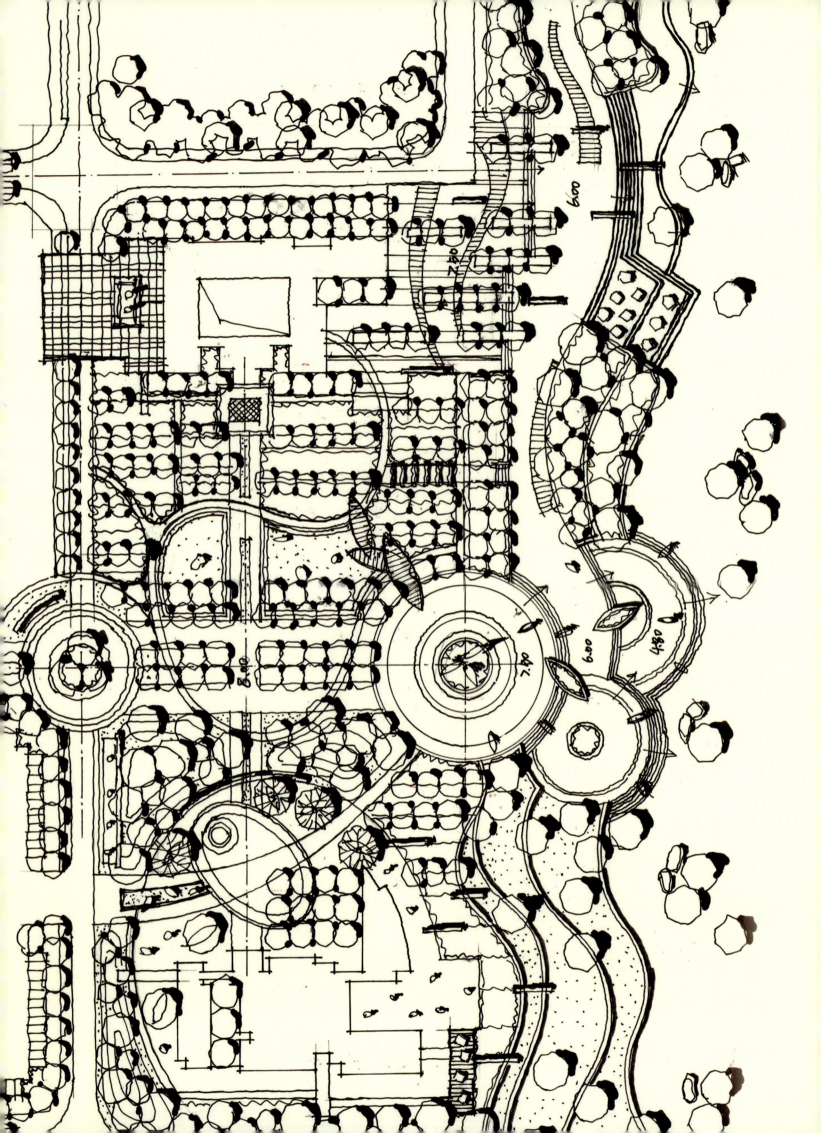

邦景园林
精心雕琢环境之美
实力铸造品质空间
潜心研究/用心规划
细心设计/精心实施

城市景观规划 / 居住环境 / 企业环境 / 公园旅游区 / 园林工程
GUANGZHOU BONJING LANDSCAPE DESIGN CO.,LTD
官方网址：http://www.bonjinglandscape.com
Tel/Fax：+86-20-87510037/38468069
Email：bonjing123@163.com
官方新浪微博: @邦景园林
QQ：12087924　　　微信：GZbonjing
地址：广州天河北路175号祥龙花园-晖祥阁2504-05

| 住宅地產 | 商業地產 | 旅游地產 | 度假酒店 | 市政規劃 | 校園規劃 | 公園規劃 | 區域規劃 |

L&D 靈頓景觀 (USA)

建築景觀

http://www.szld2005.com

法國建築師協會會員單位

美國靈頓建築景觀設計有限公司是專業從事城市規劃和城市設計、風景區與公園景觀規劃、風景旅游渡假景觀、酒店環境景觀、高尚住宅小區景觀及工程設計的國際知名公司，深圳靈頓建築景觀設計有限公司是其專爲中國地區設置的設計顧問公司，公司以國外多位設計師爲公司主幹，美國公司作爲主要規劃整體和宏觀控制，以共同協作，共同致力於同一項目上，使設計工程在整體規劃及局部處理上都得到精心設計。公司以全新的理念引導市場，以專業的服務介入市場，以全程的服務方式開拓市場，使公司得到穩步和迅速的發展，業務範圍不斷擴大。尤其在高尚住宅小區景觀設計中取的優异成績，其設計工程多次獲國家和地區的獎勵。

惠州"德威朗琴灣"一期

掃一掃"二維碼"更多精彩内容敬請關注

TEL：(0755) 8621 0770　　FAX：(0755) 8621 0772　　P.C：518000　　EMAIL：szld2000@163.com　　179049195@QQ.com

美國靈頓建築景觀設計有限公司　　深圳靈頓建築景觀設計有限公司　　雲南靈頓園林綠化工程有限公司

中國 深圳 福田區 紅荔路花卉世界313號

AECF

AUROS ESPACES CONCEPTION (FRANCE)

法国颐朗联合建筑设计有限公司

Phone: 021-65909515
E-mail: www.YL-AECF.com
Websie: YL_AECF@163.com

前言 EDITOR'S NOTE

美居设计：传递美 鉴赏美 提升美
BEAUTIFUL HOUSING DESIGN: DELIVER BEAUTY, APPRECIATE BEAUTY, PROMOTE BEAUTY

无论是浓墨重彩的社区规划、别具一格的建筑形式、和谐生态的景观花园、舒适怡人的居住空间，还是轻松愉悦的生活氛围，都是楼盘设计发展过程中的时代缩影以及人们对于"美"的居住环境更为广泛与深刻的理解。恰逢岁末，由佳图出版集团发起，本刊主办的"2013中国美居设计高峰论坛暨'美居奖'评选"活动，以"最美楼盘"的规划、建筑、景观设计为主题，传递"美居"设计所倡导的人文精神和对生活品质的追求。

"美"不仅仅是提升楼盘品味的一种附加值，它更是一种人们对居住环境中审美、文化，甚至情感层次上的需求。仅凭视觉上的外在美已然不能满足现在人们的需求，内外兼修的"美"才是时代的选择。此次"美居奖"评选的楼盘之"美"，也不仅仅局限于建筑体系中的概念，而是更深一层地延伸到对楼盘的综合评价，展现出楼盘与居住者之间的融洽之美，与自然环境之间的和谐之美，以及与周边人文环境之间的共生之美。美居设计高峰论坛汇聚中国地产界、建筑设计界、景观设计界的顶尖设计师、学者，以及业内知名企业家等数百位业内精英，此次论坛将不只于一次思想的交流与碰撞，更是一种传承，传承对于城市美好未来的憧憬，以及实现这一憧憬的真切动力。这一切，始于理想，而终将变成现实。

Whether the colorful community planning, unique architectural form, harmonious and ecological landscape garden, comfortable and pleasant living space, or relaxing living atmosphere, they are the time epitome of the development of housing design and people's more extensive and profound understanding towards the "beautiful" living environment. At the end of the last year, "2013 China Meiju Forum & Awards Ceremony", sponsored by JTart Publishing & Media Group and hosted by *New House*, takes "the planning, architectural design and landscape design of the most beautiful buildings" as the theme to show our dream of humanistic spirit and quality life.

"Beauty" is not only a kind of added value to promote the housing taste, but also becomes people's requirements towards the aesthetic and cultural attributes of the living environment, even the emotional needs. Only the beautiful appearance can no longer satisfy people's needs now, but the beauty getting refined internally and externally is the choice of our times. The "beauty" of the award-winning projects here is not limited to the concept of the building system, but a further comprehensive evaluation of the real estate, showing its harmonious beauty with the residents, natural environment and the surroundings. In 2013 Guangzhou Design Week, China's top designers, scholars and other elites in the real estate design industry have gathered together in this year's Meiju Forum — it is not only the exchange and the collision of thoughts, but also the inheritance of the vision for building beautiful cities in the future and the driving power to achieve this vision. All these rise from a dream and will finally become reality.

jiatu@foxmail.com

2014年　总第57期

面向全国上万家地产商决策层、设计院、建筑商、材料商、专业服务商的精准发行

指导单位 INSTRUCTION UNIT
亚太地产研究中心
中国花卉园艺与园林绿化行业协会

出品人 PUBLISHER
杨小燕 YANG XIAOYAN

主编 CHIEF EDITOR
王 志 WANG ZHI

执行主编 EXECUTIVE EDITOR-IN-CHIEF
陈 恺 CHEN KAI

特约主编 CONTRIBUTING EDITOR-IN-CHIEF
滕赛岚 TENG SAILAN

编辑记者 EDITOR REPORTERS
唐秋琳 TANG QIULIN
胡明俊 HU MINGJUN
康小平 KANG XIAOPING
严琪琪 YAN QIQI
黄洁桦 HUANG JIEHUA
曾伊莎 ZENG YISHA
易婷 YI TING
曹丹莉 CAO DANLI
王盼青 WANG PANQING
李志军 LI ZHIJUN
林丽贤 LIN LIXIAN
吴润璇 WU RUNXUAN
谢玲玲 XIE LINGLING

设计总监 ART DIRECTORS
杨先周 YANG XIANZHOU
何其梅 HE QIMEI

美术编辑 ART EDITOR
詹婷婷 ZHAN TINGTING

国内推广 DOMESTIC PROMOTION
广州佳图文化传播有限公司
JTART PUBLISHING & MEDIA GROUP

市场总监 MARKET MANAGER
周中一 ZHOU ZHONGYI

市场部 MARKETING DEPARTMENT
方立平 FANG LIPING
熊 光 XIONG GUANG
王 迎 WANG YING
杨先凤 YANG XIANFENG
刘 佳 LIU JIA
王成林 WANG CHENGLIN
刘 能 LIU NENG
龙昱 ALVIN LOONG
陈君华 CHEN JUNHUA
郑泽彬 KEVIN ZHENG

图书在版编目（CIP）数据
新楼盘.2013美居奖：汉英对照 / 佳图文化主编. ——北京：中国林业出版社, 2014.1
ISBN 978-7-5038-7342-3

Ⅰ.①新... Ⅱ.①佳... Ⅲ.①建筑设计 - 中国 - 现代 - 图集 Ⅳ.①TU206

中国版本图书馆CIP数据核字(2014)第002936号
出版：中国林业出版社
主编：佳图文化
责任编辑：李顺 许琳
印刷：利丰雅高印刷(深圳)有限公司

特邀顾问专家 SPECIAL EXPERTS (排名不分先后)

赵红红 ZHAO HONGHONG	曹一勇 CAO YIYONG
王向荣 WANG XIANGRONG	冀 峰 JI FENG
陈世民 CHEN SHIMIN	滕赛岚 TENG SAILAN
陈跃中 CHEN YUEZHONG	王 毅 WANG YI
邓 明 DENG MING	陆 强 LU QIANG
冼剑雄 XIAN JIANXIONG	徐 峰 XU FENG
陈宏良 CHEN HONGLIANG	张奕和 EDWARD Y. ZHANG
胡海波 HU HAIBO	郑竞晖 ZHENG JINGHUI
程大鹏 CHENG DAPENG	刘海东 LIU HAIDONG
范 强 FAN QIANG	毛丽琳 MAO LILIN
杨承刚 YANG CHENGGANG	谢锐何 XIE RUIHE
黄宇奘 HUANG YUZANG	姜 圣 JIANG SHENG
梅 坚 MEI JIAN	章 强 ZHANG QIANG
陈 亮 CHEN LIANG	田守能 TIAN SHOUNENG
彭 涛 PENG TAO	袁 凌 YUAN LING
田 兵 TIAN BING	满 志 MAN ZHI
仇益国 QIU YIGUO	孙明炜 SUN MINGWEI
李宝章 LI BAOZHANG	马志刚 MA ZHIGANG
李方悦 LI FANGYUE	江海滨 JIANG HAIBIN
林 毅 LIN YI	刁 睿 DIAO RUI
范 勇 FAN YONG	吴旭辉 WU XUHUI
赵士超 ZHAO SHICHAO	张 朴 ZHANG PU
林世彤 LIN SHITONG	黄向明 HUANG XIANGMING
熊 冕 XIONG MIAN	董文彬 DONG WENBIN
周 原 ZHOU YUAN	黃葵花 HUANG KUIHUA
原帅让 YUAN SHUAIRANG	陈晓宇 CHEN XIAOYU
王 颖 WANG YING	贺旭华 HE XUHUA
周 敏 ZHOU MIN	甄启东 ZHEN QIDONG
王志强 WANG ZHIQIANG / DAVID BEDJAI	娄东明 LOU DONGMING
吴应忠 WU YINGZHONG	邝伟权 KUANG WEIQUAN
曾繁柏 ZENG FANBO	朱 晨 ZHU CHEN

编辑部地址：广州市海珠区新港西路3号银华大厦4楼
电话：020—89090386/42/49、28905912　　**传真**：020—89091650

北京办：西城区西里1区5号楼16单元002
电话：010—62231235 / 15011118628 龙先生 / 15011113868 陈先生

深圳办：深圳市福田区金田路福岗园2412
电话：0755-83586026 / 15818666620 熊先生 / 15919999700 郑先生

上海办：虹口区东体育会路87号华能大厦3D室
电话：021-60442925 / 15000066635 刘先生 / 15000066625 刘先生

协办单位 CO—ORGANIZER

 上海颐朗建筑设计咨询有限公司　巴学天 上海区总经理
地址：上海市杨浦区大连路950号1001室
TEL：021—65909515　　FAX：021—65909526
http://www.yl—aecf.com

 深圳市东大建筑设计有限公司
地址：深圳市深南中路6031号杭钢富春商务大厦8楼
TEL：0755—82999545　　FAX：0755—82995667
http://www.seusz.com

支持单位 SUPPORTER

香港新世界建筑创作中心有限公司　滕赛岚 总经理
地址：广州市越秀区先烈中路92号大院12号楼5楼
TEL：020—23378953　　FAX：020—877770177

WEBSITE COOPERATION MEDIA
网站合作媒体

搜房网

副理事长单位 DEPUTY CHAIRMAN

华森设计 HSArchitects　华森建筑与工程设计顾问有限公司　邓明　广州公司总经理
地址：深圳市南山区滨海之窗办公楼6层
　　　广州市越秀区德政北路538号达信大厦26楼
http://www.huasen.com.cn

　广州瀚华建筑设计有限公司　冼剑雄　董事长
地址：广州市天河区黄埔大道中311号
　　　羊城创意产业园2—21栋
http://www.hanhua.cn

　上海中建建筑设计院有限公司　徐峰　董事长
地址：上海市浦东新区东方路989号
　　　中达广场12楼
http://www.shzjy.com

常务理事单位 EXECUTIVE DIRECTOR OF UNIT

　深圳市华域普风设计有限公司　梅坚　执行董事
地址：深圳市南山区海德三道海岸城东座2301
http://www.pofart.com

　天萌（中国）建筑设计机构　陈宏良　总建筑师
地址：广州市天河区员村四横路128号红专厂F9栋天萌建筑馆
http://www.teamer—arch.com

　GVL国际怡境景观设计有限公司　彭涛　中国区董事及设计总监
地址：广州市珠江新城华夏路49号津滨腾越大厦南塔8楼
http://www.greenview.com.cn

　奥雅设计集团　李宝章　首席设计师
深圳总部地址：深圳蛇口南海意库5栋302
http://www.aoya—hk.com

　北京寰亚国际建筑设计有限公司　赵士超　董事长
地址：北京市海淀区西四环北路15号依斯特大厦102
http://www.hygjjz.com

　广州市四季园林设计工程有限公司　原帅让　总经理兼设计总监
地址：广州市天河区龙怡路117号银汇大厦2505
http://www.gz—siji.com

　深圳市佰邦建筑设计顾问有限公司　迟春儒　总经理
地址：深圳市南山区兴工路8号美年广场1栋804
http://www.pba—arch.com

　深圳市雅蓝图景观工程设计有限公司　周敏　设计董事
地址：深圳市南山区南海大道2009号新能源大厦A座6D
http://www.yalantu.com

　北京博地澜屋建筑规划设计有限公司　曹一勇　总设计师
地址：北京市海淀区中关村南大街31号神舟大厦8层
http://www.buildinglife.com.cn

　北京新纪元建筑工程设计有限公司　曾繁柏　董事长
地址：北京市海淀区小马厂6号华天大厦20层
http://www.bjxinjiyuan.com

　香港华艺设计顾问（深圳）有限公司　林毅　总建筑师
地址：深圳市福田区华富路航都大厦14、15楼
http://www.huayidesign.com

　HPA上海海波建筑设计事务所　陈立波、吴海青　公司合伙人
地址：上海中山西路1279弄6号楼国峰科技大厦11层
http://www.hpa.cn

　哲思（广州）建筑设计咨询有限公司　郑竟晖　总经理
地址：广州市天河区天河北路626号保利中宇广场A栋1001
http://www.zenx.com.au

　深圳文科园林股份有限公司　李从文　董事长
地址：深圳福田区滨河大道中央西谷大厦21层
http://www.wksjy.com

　深圳禾力美景规划与景观工程有限公司　袁凌　设计总监
地址：深圳市福田区泰然九路红松大厦B座9G
http://www.wlklandscape.com

　上海海意建筑设计有限公司　江海滨　设计总监
地址：上海市杨浦区阜新路鞍山五村49号院
http://www.HY-design.com

　上海谨阁建筑设计事务所（建筑甲级）　刁睿　总裁/总设计师
地址：上海市虹口区四川北路1363号壹丰国际广场33F
http://www.groupds.com

天华 Tianhua　上海天华建筑设计有限公司　黄向明　总建筑师
地址：上海市中山西路1800号兆丰环球大厦27楼
http://www.thape.com

　深圳汇境景观规划设计与装饰工程有限公司　董文彬　总经理
地址：深圳市福田区车公庙泰然九路海松大厦B座11楼
http://www.welkin-design.cn

　加拿大AIM国际设计集团　陈晓宇　总建筑师
地址：广州市体育西路173号天河大厦综合楼二、四、五楼
http://www.AIMgi.com

　深圳市万漪环境艺术设计有限公司　朱晨　董事/设计总监
地址：深圳市福田保税区广兰道6号深装总大厦5楼525室
http://www.ttrsz.com

理事单位 COUNCIL MEMBERS （排名不分先后）

　中房集团建筑设计有限公司　范强　总经理/总建筑师
地址：北京市海淀区百万庄建设部院内
TEL：010—68347818

　北京奥思得建筑设计有限公司　杨承冈　董事总经理
地址：北京朝阳区东三环中路39号建外SOHO16号楼2903~2905
TEL：86—10—58692509/19/39　FAX：86—10—58692523

　侨恩国际（美国）建筑设计咨询有限公司
地址：重庆市渝北区龙湖MOCO4栋20—5
http://www.jnc—china.com

CONCORD 西迪国际　CDG国际设计机构　林世彤　董事长
地址：北京海淀区长春路11号万柳亿城中心A座10/13层
http://www.cdgcanada.com

　上海金创源建筑设计事务所有限公司　王毅　总建筑师
地址：上海杨浦区黄兴路1858号701—703室
http://www.odci.com.cn

　深圳灵顿建筑景观有限公司　刘海东　董事长
地址：深圳福田区红荔路花卉世界313号
http://www.szld2005.com

　广州邦景园林绿化有限公司　谢锐何　董事及设计总监
地址：广州市天河北路175号祥龙花园晖祥阁2504/05
http://www.bonjinglandscape.com

　上海天隐建筑设计有限公司　陈锐　执行董事
地址：上海市杨浦区国康路100号国际设计中心1402室
http://www.skyarchdesign.com

　上海天合润城景观规划设计有限公司　马志刚　创始合伙人
地址：上海市杨浦区四平路1398号同济联合广场B座1702室
http://www.hosiad.com

ZW 中唯设计　深圳市中唯设计有限公司　张智皓　总经理
地址：深圳福田区设计大厦15楼
http://www.zhongweisheji.com

WEIMAR 魏玛设计　上海魏玛景观规划有限公司　贺旭华　总经理
地址：上海市黄浦区北京东路668号科技京城东楼24B
http://www.weimargroup.com

　广州汉克建筑设计有限公司　娄东明　执行董事
地址：广州市海珠区东晓路雅墩街6号东晓大厦首层北侧
http://www.hnkchina.com

　深圳市凯德设计顾问有限公司　甄启东　董事长
地址：深圳市南山区华侨城生态广场B区105室
http://www.qiddesign.com

　广州晋泰建筑设计有限公司　邝伟权　首席建筑师
地址：广州市越秀区德政北路538号达信大厦1210-1212室
http://www.jt-cn.net

目录 CONTENTS

013　**前言 EDITOR'S NOTE**

018　**资讯 INFORMATION**

名家名盘 MASTER AND MASTERPIECE

022　广州力迅时光里：立面风格简约大气
　　 MODERN AND ELEGANT FACADE

028　长春中海紫金苑：富有法式风情浪漫与典雅的社区
　　 COMMUNITY WITH FRENCH ROMANCE AND ELEGANCE

专访 INTERVIEW

036　设计要立足中国本土，注重生态和谐
　　 ——访中央美术学院主任教授、博士生导师　张绮曼
　　 DESIGN SHOULD BASE ON LOCAL CONDITIONS AND
　　 PAY ATTENTION TO ECOLOGY

037　室内设计：环境诉求不容小觑，设计功底亟待夯实
　　 ——访同济大学建筑系教授、博士生导师　来增祥
　　 INTERIOR DESIGN LEVEL NEEDS TO BE IMPROVED TO
　　 MEET ENVIRONMENTAL REQUIREMENTS

040　消费文化的演变带来商业设计革命
　　 北京博地澜屋建筑设计规划有限公司曹一勇、区婷婷
　　 CONSUMER CULTURE CHANGING RESULTS IN REVOLUTION IN
　　 COMMERCIAL DESIGN

新景观 NEW LANDSCAPE

042　成都花样年君山：人文韵味浓厚的中式园林景观
　　 CHINESE-STYLE LANDSCAPE

048　河海龙湾：自然生态的西班牙风格景观
　　 NATURAL AND ECOLOGICAL LANDSCAPE OF SPANISH STYLE

054　梅州客天下旅游产业园客家小镇组团：客家文化浓厚　养生理念突出
　　 PROFOUND HAKKA CULTURE, HIGHLIGHTED
　　 HEALTH PRESERVATION IDEA

专题 FEATURE

060 数百业内精英齐聚 热议中国建筑设计的机遇与挑战
——2013中国美居设计高峰论坛暨美居奖颁奖典礼成功落幕
BEST BRAINS GATHERED TOGETHER TO DISCUSS CHALLENGES AND OPPORTUNITIES IN CHINA'S ARCHITECTURAL DESIGN

066 2013"美居奖"获奖项目
2013 "MEIJU AWARD" WINNING PROJECTS

068 中国最美楼盘
THE MOST BEAUTIFUL APARTMENT

078 中国最美别墅
THE MOST BEAUTIFUL VILLA

082 中国最美风格楼盘
THE MOST STYLISH APARTMENT

084 中国最美人居景观
THE MOST BEAUTIFUL HABITAT LANDSCAPE

092 中国最美商业地产
THE MOST BEAUTIFUL COMMERCIAL PROPERTY

095 中国最美旅游度假区
THE MOST BEAUTIFUL TOURIST RESORT

097 中国最美酒店
THE MOST BEAUTIFUL HOTEL

101 中国最美文化建筑
THE MOST BEAUTIFUL CULTURAL BUILDING

104 中国最美样板间
THE MOST BEAUTIFUL SHOWFLAT

107 中国最美空间
THE MOST BEAUTIFUL SPACE

新特色 NEW CHARACTERISTICS

110 北京远洋天著：低密度法式风情社区
LOW-DENSITY FRENCH-STYLE COMMUNITY

新空间 NEW SPACE

116 龙光水悦龙湾61#独栋别墅样板房：典雅利落、低调奢华的高品质居住空间
QUALITY LIVING SPACE OF ELEGANCE AND LUXURY

新创意 NEW IDEA

120 塔马基路387号住宅：水泥肌理表皮 开阔滨海景观
EXPOSED CONCRETE FACES, ADVANTAGED SEA VIEWS

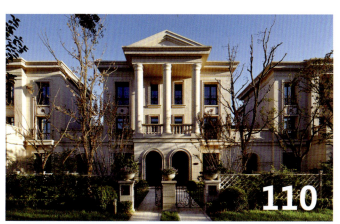

商业地产 COMMERCIAL BUILDINGS

128 宁波泛太平洋酒店：独具现代气息的城市商务酒店
UNIQUE MODERN BUSINESS HOTEL

136 广州白云电气科技楼：立面稳重大方 办公空间舒适宜人
MODEST FACADE, PLEASANT OFFICE SPACE

142 东莞益田大运城邦花园二区五期：地中海风格的新型商业综合体
NEW COMMERCIAL COMPLEX OF MEDITERRANEAN STYLE

INFORMATION 资讯/地产

两部委紧急通知：坚决遏制销售"小产权房"

近日，国土资源部办公厅、住房城乡建设部办公厅联合发布《关于坚决遏制违法建设、销售"小产权房"的紧急通知》。通知要求，各级国土资源和住房城乡建设主管部门要对在建、在售的"小产权房"坚决叫停，严肃查处，对顶风违法建设、销售、造成恶劣影响的"小产权房"案件，要公开曝光，挂牌督办，严肃查处，坚决拆除一批，教育一片，发挥警示和震慑作用。

EMERGENT NOTIFICATION FROM TWO MINISTRIES: RESOLUTELY RESTRAINING THE SALES OF HOUSES WITH LIMITED PROPERTY RIGHTS

Recently, The Ministry of Land Resources and The Ministry of Housing and Urban-Rural Development have jointly issued Emergent Notices on Resolutely Restraining the Illegal Construction or Sales of Houses with Limited Property Rights. It requires resolute stop of on-construction and on-sale houses with limited property rights at all levels, serious measures and public exposure to the illegal cases. The departments at all levels shall arrange the supervision and keep up the demolition and education at the same time as the warning and deterrent.

武汉：景观建筑禁大面积用7种色

近日，湖北武汉市政府常务会审议并原则通过的《武汉市建设工程规划管理技术规定》中的内容。该《规定》要求，除消防站、派出所、邮政局等国家规定有统一标识色彩的建筑物外，位于城市主干道、城市广场及城市公园绿地周边等城市景观节点区域内建筑色彩的色相不得选择深灰色和红、黑、绿、蓝、橙、黄等大面积高彩度的原色。

WUHAN: SEVEN COLORS ARE FORBIDDEN IN LARGE-AREA LANDSCAPE ARCHITECTURES

Municipal Executive Council of Wuhan, Hubei has deliberated and adopted Planning, Management and Technical Regulations on Wuhan Construction Projects. It demands no large-area and high-chroma primary colors i.e. dark grey, red, black, green, blue, orange and yellow etc will be adopted in architectures within the areas of urban landscape nodes located in main urban roads, urban plazas and next to urban parks, excepting for architectures with uniform logo color regulated by the state, such as fire stations, police stations and post offices etc.

厦门：百米以上公建需建停机坪

厦门市政府常务会议近日审议并原则通过《厦门市高层建筑消防安全管理规定》。《规定》对高层建筑的消防设计做出了更加严格的要求，明确规定高层建筑要留足消防车通道、消防登高施救场地，建筑高度超过100 m且标准层建筑面积大于1 000 m²的公共建筑，应设置屋顶直升机停机坪或供直升机救助的设施，避难层不得用作其他用途。

XIAMEN: PUBLIC BUILDINGS OF MORE THAN 100M HEIGHTS SHOULD BE BUILT WITH HELIPADS

Executive meeting of Xiamen Municipal Government has lately deliberated and adopted Fire Safety Regulations of High-rise Buildings in Xiemen. It presents stricter requirements on the fire control design of high-rise buildings and clearly defines that enough spaces for fire engine access and fire ladder shall be left in a high-rise building; public buildings with an architectural height of more than 100m and a standardized floor area of more than 1,000 m² shall be designed with rooftop helipads or facilities available for helicopters, and refuge floor shall not be used for other purposes.

陕西：立法保护50年以上重要历史建筑

陕西省人大常委会近日召开《陕西省建筑保护条例》等宣传贯彻电视电话会议，明确从12月1日开始实施建成50年以上的重要历史建筑将认定为重点保护建筑，如果该建筑被认定为文物保护单位或不可移动文物便按照文物保护法律法规执行。

SHAANXI: LEGISLATION TO PROTECT IMPORTANT HISTORICAL ARCHITECTURES OF MORE THAN 50 YEARS

Standing Committee of Shaanxi Provincial People's Congress has recently held the teleconference concerning about Regulations on the Protection of Shaanxi Architectures. It is decided since December 1st that important historical architectures of more than 50 years will be recognized as key protected architectures, and the architectures shall be dealt with under the laws and regulations of cultural relic protection once they are recognized as cultural relic protection units or monuments.

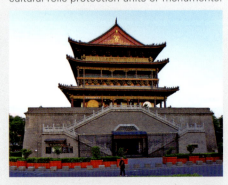

杭州：奥体主体育场钢结构合龙

近日，在650吨和400吨重型起重吊机的精密配合下，奥体主体育场钢结构成功合龙，"白莲"造型初具形态。同时，在建的杭州国际博览中心也将于年底结顶，明年起整体进入内部装修阶段。自2011年2月18日正式开工建设的主体育场主体混凝土浇筑已于今年8月22日全部完成，并顺利通过验收，比原计划提前8天，12月1日，主体育场的钢结构罩棚合龙。

HANGZHOU: CLOSURE OF STEEL STRUCTURE IN OLYMPIC MAIN STADIUM

Under the Precise coordination of 600t and 400t heavy lift cranes, the steel structure of Olympic Main Stadium has lately successfully closed and showed the image of White Lotus. Meanwhile, the on-going Hangzhou International Expo Center will be topped 2. at the end of the year and move into the phase of interior decoration in general next year. The main concrete pouring of the main stadium officially started in February 18th, 2011 has been completed in August 22nd this year, 8 days earlier than the plan and successfully passed the inspection. The steel structure of the main stadium is closed in December 1st.

青岛："新海天"设计方案公布

近日，青岛市规划局发布海天中心项目一期工程规划方案。建于1985年的海天大酒店曾是青岛地标性建筑，今年6月爆破以后，新规划一直备受关注。海天大酒店原址将建大型城市酒店旅游综合体，由三座塔楼和4层商业裙房组成，其中主楼高达369m，将刷新青岛"第一高楼"高度。

QINGDAO: ANNOUNCEMENT OF NEW HAITIAN DESIGN PLAN

Qingdao Urban Planning Bureau has recently announced the planning of Haitian Center Project, First Phase. Haitian Hotel built in 1985 was the landmark of Qingdao and its new planning has received great attention since the demolition in June. It will be a large-scale complex of urban hotel and resort, composed of three towers and four-floor commercial podium. The main building with a height of 369m will refresh the height of Qingdao First High-rise.

深圳：将再添5座超高建筑

据仲量联行近日发布的最新统计数据显示，目前深圳规划和在建的超高层有5个，加上已经建成的京基100，未来深圳将有6座超高层建筑。这6座超高层建筑分别为京基100(441.8m)、平安国际金融中心(660m)、蔡屋围晶都改造项目(666m)、华润总部大厦(500m)、佳兆业环球金融中心(498m)和大中华世界贸易中心(430m)。目前内地已批在建的超过400米以上超高楼共有15个，到2017年将完成13个。其中，4个项目分布在北上广深，11个项目位于武汉、天津、重庆、苏州、贵阳、南京等二线城市。

SHENZHEN: FIVE MORE HIGH-RISE BUILDINGS TO BE BUILT

According to the latest statistical data issued by Jones Lang LaSalle, Shenzhen will occupy 6 high-rise buildings in the future including the built Kingkey 100 (441.8m) and 5 planning and on-going projects — PINGAN IFC(660m), Caiwuwei Restoration Project(666m), China Resources Headquarter Building(500m), Kaisa Global Financial Center(498m) and Greater China World Trade Center(430m). So far there are 15 realized high-rise projects more than 400m high in mainland and 13 more projects will be completed till 2017. Four of them are located in Shanghai, Guangzhou and Beijing, eleven ones in secondary cities i.e. Wuhan, Tianjin, Chongqing, Suzhou, Guiyang and Nanjing etc.

奥雅古镇保护与开发论坛暨第三届奥雅设计之星大学生竞赛颁奖典礼隆重举行

2013年12月21日，奥雅古镇保护与开发论坛暨第三届奥雅设计之星大学生竞赛——梦想古镇颁奖典礼及获奖作品展览在深圳蛇口南海意库隆重举行。活动中通过现场点评的方式评选出了本届奥雅设计之星大赛的一、二、三等奖。下午在针对古镇与开发的专题演讲中，金元浦、梁宇、李宝章、赵光辉等发表了精彩演讲。

2013 L&A DESIGN STAR COLLEGE STUDENTS DESIGN CONTEST — DREAM TOWN AWARDS CEREMONY HELD

On Dec. 21st, 2013, L&A Ancient Town Protection & Development Forum and the Dream Town Awards Ceremony and the award-wining works exhibition for the Third L&A Design Star College Students Design Contest was held in Nanhai ECOOL of Shenzhen. The first, second and third prize for this year's L&A Design Star contest were evaluated and selected on site. In the afternoon, Jin Yuanpu, Liang Yu, Li Baozhang, Zhao Xuehui, etc. have given speeches on the topic of ancient town protection and development.

澳大利亚："山村广场"绿色摩天大楼开放

理查德·罗杰斯设计的独特的红色办公楼，位于8 Chifley广场，该办公楼最近才开放，是世界级的办公建筑。该建筑有34层，七种有三层开放空间，一楼有专门供人们放松的区域。该建筑刚被澳大利亚绿色建筑协会授予6 Star绿色办公室设计。Lippmann Partnership的埃德李普曼与获奖建筑师Rogers合作设计了该项目，他说："该建筑是专门为我们的城市，气候和生活方式而设计的。"位于18层的"山村广场"是该建筑社会关系的体现。

AUSTRALIA: GREEN SKYSCRAPER "VILLAGE SQUARE" OPENED

The unique red office building designed by Richard Rogers is a world-class office building opened recently. Located in 8 Chifley Square, the building occupies spaces divided into seven zones, each comprising a stack of three floors, and relaxing area in first floor. The project co-designed by Ed Lippmann and Roger is rewarded as the 6-Star Green Office by Green Building Council of Australia. According to Ed, the architecture is designed for the city, climate and lifestyle. "Village Square" in the 18th floor embodies the social relationship of the building.

INFORMATION 资讯/设计

雷亚尔港的可持续住宅

雷亚尔港的可持续住宅是三栋五层的居住建筑，三栋建筑分期建造，第一栋已经竣工。针对周边环境，建筑以三栋L形的平面布置，同时综合考虑建筑朝向，保证各户拥有良好的景观视野，各户均保证靠两个面，以拥有良好通风。太阳能集热器与建筑集成设计，由于建筑结构规整，产能损失低于5%。集热板暴露安装也能号召大家节能减排。

Sustainable Housing in Puerto Real
The proposal includes an open three-volume compact building with 5 storeys. The three buildings constitute three phases; the construction of the first one has already ended. Regarding to the environment, the floor plan shows three L-shape buildings. All the dwellings benefit from better orientations, insolation and views. The solar thermal collectors are integrated in the buildings image. Instead of hiding them, the panels are shown above the roof parapets. The yield loss, due to the panels alignment to the buildings geometry, is lower than 5%. The fact of making the panels visible helps to take conscience of the need for energy saving and efficient and renewable production.

悉尼教堂改造的住宅设计

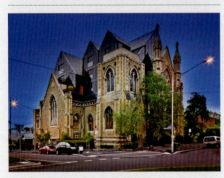

这座位于悉尼的教堂改造案例，建筑本身建于上世纪七十年代，外观有着惊人建筑线条，经过设计师的改造，复古而华美。悉尼教堂改造的住宅内部保留了一些复古风格的搭配，与外观相互呼应，同时融入现代元素，简约舒适，屋主入住其中，享受教堂历史氛围的同时又可感受到家的温馨。

Sydney Church Converted into A Chic Modern Home
This residence located in Sydney is converted from an old church of 1970s. The spectacular lines on the facade are redesigned to be antique and magnificent. Inside the residence, many antiques of the church are kept to well match some modern elements, creating an elegant and comfortable space for the owners.

柏林公寓综合体

Daniel Libeskind透露将在柏林的中心设计一座全新的公寓楼。该方案包括73个独立的公寓单位，位于相对较小的地块角落。其零售点激活了街道平面的场地边缘区域。一座空中豪宅位于项目的最高点，以双倍高度的生活空间为特色，同时拥有一个俯瞰城市全景的阳台。建筑的表皮由覆盖金属涂层的陶瓷砖墙组成，巨大的棱角式窗体是其特色之一。

Metallic Apartment Block for Berlin
Architect Daniel Libeskind has unveiled plans to build a new apartment block in the Mitte district of Berlin. The building for a corner plot will accommodate shops at ground level and 73 residences on its upper storeys. A penthouse apartment at the front will feature a double-height living room, as well as a roof terrace looking out across the city. The facade will be clad using a specially developed stoneware tile with a reflective metallic coating. Large asymmetric windows will be added to maximize natural light within the building.

墨西哥居民住宅

墨西哥居民住宅由Taller Hector Barroso设计。该建筑是围绕一个天台建造的，该天台给房屋提供了自然光，并使通风更加顺畅，是整座建筑的核心。从建筑外部看，房子的坚固性由三部分体现。粗糙的松木作为地基，支撑着整座建筑的重量；天然石材在松木之上，提高了坚固性；屋顶运用了corbusian的设计，浮置板与钢梁相互结合，保护了建筑中的隐私。

Cumbres House
Designed by Taller Hector Barroso, the project is developed around a central patio which provides different views, natural lighting and cross-ventilation to the interior spaces. From the entrance facade, the house materiality is accentuated by a tripartite composition, recreated in a contemporary form. First, a rough and moist basing is materialized in pine wood, resembling a light plinth supporting the weight above. A raw volume on top, made of natural stone reinforces the monolithic and mineral aspect of the house. The roof is used as the fifth corbusian facade, where the movement of lines and lightness opposes to the inferior volume.

巴西Acb别墅

Acb别墅由巴西建筑师Marcos Franchini设计，位于巴西米纳斯吉拉斯新利马。建筑与地面连接的稳定性和高处悬着的房间，形成鲜明的对比。私密的南向立面有一部分开放透明，享有景观视野。上层向外延伸的卧室套间之间，有步道连接，有助于空间与周围景致在视觉上和物理上的整合。建筑内的空气流通，因北边设置的木制百叶结构得以保障。

Acb House
Located in Nova Lima in Minas Gerais, Brazi, the 'acb house' by Brazilian architect Marcos Franchini contrasts between the stability of its connection with the ground and the hovering rooms above. The private, south facing facade consists of an open, transparent elevation that offers views over the landscape. Protruding outwards, the bedroom suites of the upper volume are accessed by a walkway that helps to integrate these spaces both visually and physically with the surrounding vista. the circulation through the house is protected from the north using a wooden brise soleil structure.

山中别墅

这是由Architectare设计的位于巴西里约热内卢的山中别墅。尽管位于相对较大的地块，该项目最终还是沿着入口处可建区域的小三角定义了建筑外形。建筑立面面向街道，给人的感觉是全封闭的。立面的图案质地体现了建筑和土地的一体性。面向场地内侧的立面，由滑动的玻璃面板制成，拉近了室内和户外大自然的关系。

House in the Hills
Designed by Architectare, the house is located in the hills of Rio de Janeiro, Brazil. Despite being in a proportionately large lot, the building has its shape defined by the small triangle of its buildable area on the entrance of the lo. The facade towards the street was designed to give the impression that it is all closed. The graphic texture of this facade represents the integration of the architecture with the land. The facade towards the inside of the land is made of sliding glass panels, receiving direct sun during the winter afternoon, warming the house for the night, and increasing the integration between the interior and the nature outside.

巴西艺术馆

巴西艺术馆，一个新的公共艺术设施，巴西艺术发展的中心点，也是里约热内卢的一个可识别的文化地标。大楼设有交响乐音乐厅，可被转换成歌剧院、展览馆和舞蹈工作室。建筑与周围的环境密切相关，线性平面屋顶呼应海洋的水平线，弧形元素则是为了呼应周围的山脉。离地10 m的墙面与顶板组成了一个开放的露台，可通往各个区域。

Cidade Das Artes

The Cidade das Artes, a new public arts facility, forms the center point of a developing major district of Rio de Janeiro, Brazil. The project serves as a much needed civic symbol for the region, providing Rio, and its visitors with an identifiable cultural landmark. The complex includes a philharmonic hall, which can be converted into a opera house, exhibition galleries and dance studios. The building's form is closely related to its environment, with linear planes echoing the horizontality of the ocean, and the fluid, curved elements of the design recalling the neighboring mountain range. An open terrace, raised ten meters off the ground, and the roof plate, serving as an access point to all areas of the center.

墨西哥博物馆

墨西哥博物馆由FR-EE（Fernando Romero Enterprise）设计。该博物馆有45.72m高，形状近似于六边形，外墙引用传统的殖民陶瓷瓷砖技术，拥有多元化的外观，不同的天气与不同的观赏位置都会有不一样的效果。28根不同的、独特形状的钢柱整合到一起，便形成了这个几何形状复杂的建筑物的外壳。为使多个侧面的悬臂结构更加稳定，每一层都设计了一个七环结构。

Soumaya Museum

The Soumaya Museum rising 45.72 meters high is designed by FR-EE (Fernando Romero Enterprise). A skin of hexagonal tiles of mirrored steel, references the traditional colonial ceramic-tiled building facades and gives the museum a diverse appearance depending on the weather and the viewer's vantage point. The Soumaya Museum's complex geometry and sculptural shape results from the integration of 28 unique curved steel columns of varying size and shape into the building shell. To achieve cantilevers on multiple sides the structure is stabilized by a system of seven rings located on each floor.

荷兰阿姆斯特尔芬新校区

阿姆斯特尔芬新校区由DMV建筑事务所设计，于2013年9月投入教学使用。作为一个艺术学校，大多数时间学生们都是在教学楼外活动学习，因此，教学楼内七个部门的中央区域入口都有直通室外的楼梯。建筑物的外观是黑色的，由有光泽的砌砖铺就。黑色边框布置在入口和窗口处。项目就像雕塑一样履行自己的角色，也与周围环境无缝相融。

Amstelveen College

Amstelveen College in the suburbs of Amsterdam in the Netherlands moved into an innovative and practical new building in September 2013. The design is by DMV Architects. The building is designed as a 'gallery' school which means that the crowd animation of moving students is concentrated in the outside shell of building. There are the entrances that lead to the central areas of the seven departments, as well as the corresponding outer staircases. The exterior of the building is characterized by black, glossy masonry with randomly placed openings and entrances clearly recognizable as large openings in the black casing. As a sculptural building it fulfills its own role, yet it also flows seamlessly into its environment.

印度尼西亚集装箱图书馆

这座图书馆建筑，是由8个回收再利用的集装箱拼接建造的，位于一座农业小镇，当地存在着当代城市和乡村间的不协调。项目旨在为当地人们提供超过6000册图书和一个完全免费的诊疗所，以提高当地人的生活质量。该图书馆用它独一无二的特点将该地区之外的广阔世界展现给孩子们，也让当地从郊区市镇逐步转化为当代城市。

Amin Shipping Container Library

Amin Library was designed by Indonesian firm dpavilion Architects to be a sophisticated meeting place for locals, who have clashed with the village's wealthier newcomers. The library is an attempt to level the playing field between the disparate populations, offering up some 6,000 free books, a health clinic, and a brand-new, very cool-looking modern facility. The structure itself is made of eight recycled shipping containers hulked atop steel stilts, but the interiors provide a home for popular reads, a space for science and technology books, a reading terrace, and a women's reading room.

法国Boulay幼儿园

Boulay幼儿园由Paul Le Quernec Architect设计，建筑的中心是一个中庭，这个中庭内部看上去像是马戏团的帐篷内部，一个聚碳酸酯做成的天花顶向上凸起，冲出一个洞，天光便从这个洞射入，照亮整个白昼。整个建筑没有主立面，也没有背立面，孩子们无论从哪个角度看，都能看见建筑那均匀的美丽外观。虽然形体特别，但是建筑采用的是传统的施工方法。

Nursery in Boulay

Designed by Paul Le Quernec Architect, the interior of the building is organized around a highly protected circular central space. At the very center of the building, the circus tent-like wooden structure ends with a vaulted ceiling made of polycarbonate, which ensures that the daylight may be provided during the entire day. The building has neither a "main facade" nor a "back facade", but as a circle that has only one edge, it has only one aesthetically homogeneous facade, which can be seen from all around. Despite its atypical shape, the building has been designed to be built using traditional construction methods and materials.

"对撞机活动中心"

"对撞机活动中心"位于索菲亚，将成为该城市首个环保性混合使用中心，其内包括休闲和运动空间。设计团队巧妙地在建筑的褶皱区域插入一系列动态的明黄色攀爬式天井，创造出一种连续攀爬的感觉。折叠的"之"字形"空间骨架"，如峡谷一般。在建筑的最高点，还设有一个屋顶酒吧，坐拥整个保加利亚旅游胜地之一的毕特夏山的美景。

Collider Activity Center

Located in Sofia, the Collider Activity Center will mark the city's first green mixed use center to combine both leisure and exercise space. To tie together the site's diverse programs, the architects inserted a series of dramatic climbing atriums into the folds of the building, creating a continuous climbing experience. To achieve a compact spatial system, MARS Architects cleverly folded the activity center into a zigzag shape and added bright yellow climbing atriums into each void to create a canyon-like "spatial backbone". A rooftop bar is located at the highest point of the building to take advantages of views overlooking Mount Vitosha, one of Bulgaria's most popular tourist destinations.

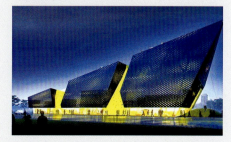

MODERN AND ELEGANT FACADE

| Lasony · Time Lane

立面风格简约大气 —— 广州力迅时光里

项目地点：中国广东省广州市
立面设计：广州瀚华建筑设计有限公司
用地面积：30 000 m²
建筑面积：130 000 m²

Location: Guangzhou, Guangdong, China
Facade Design: Guangzhou Hanhua Architects + Engineers Co.,Ltd.
Land Area: 30,000 m²
Floor Area: 130,000 m²

塔楼建筑线条简约，白色和深灰色的质感外墙砖形成虚实对比的现代风格立面，极具时空感。裙楼运用米白色石材和玻璃，建筑整体协调，简约大气。

The buildings are designed with simple lines. White and dark gray bricks shape great contrast and create modern-style facades. While the annex applies beige stones and glass to make the development look modern and elegant.

项目概况 Overview

项目整体规划有七栋高层，户型设计方正，使用率高。设计风格为新现代主义风格，细节之处却又处处体现传统岭南文化；项目园林以网师园为蓝本布局，亭台水榭、曲径通幽、移步换景等所有传统岭南园林特色以现代面貌悉数再现。该项目配套齐备，小区内规划有会所、泳池、大园林、幼儿园等。

建筑设计 Architectural Design

力迅·时光里坐落于海珠老城，位于南田路和江南大道交界处。小区在较高容积率的条件下，总平面采用了品字型布局，三栋高层建筑南北错开，坐落在两层高的裙楼之上。建筑半围合形成中央园林空间，难得地在闹市中营造出一方静沁的庭院。塔楼建筑线条简约，白色和深灰色的质感外墙砖形成虚实对比的现代风格立面，极具时空感。裙楼运用米白色石材和玻璃，建筑整体协调，简约大气。

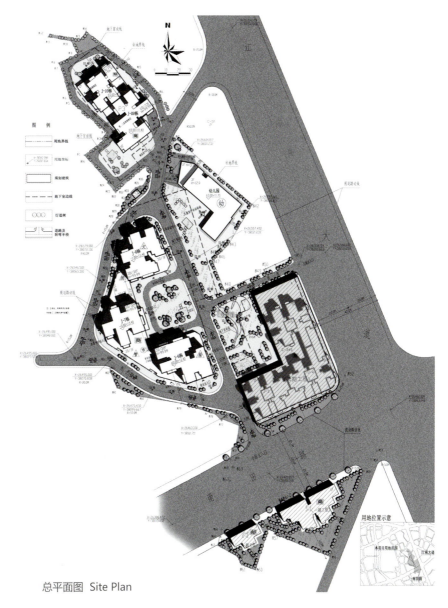

总平面图 Site Plan

MASTER AND MASTERPIECE | 名家名盘

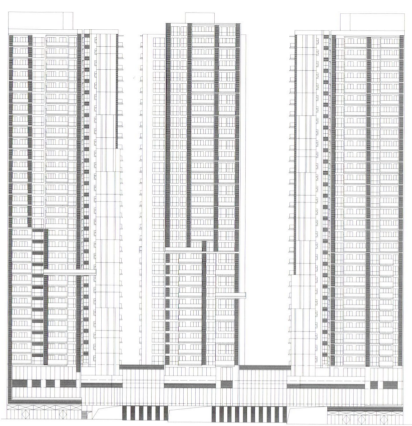

MASTER AND MASTERPIECE | 名家名盘

COMMUNITY WITH FRENCH ROMANCE AND ELEGANCE

| Golden Violet, Changchun
富有法式风情浪漫与典雅的社区 —— 长春中海紫金苑

MASTER AND MASTERPIECE | 名家名盘

定位于与长春纬度相同的法国城市，同时结合建筑高度与现代生活的切合度、现实的可能性等要素，打造适合长春的法式风情。小区整体建筑以典雅主义风格为主题，三段式立面，构图简洁端庄，几何性很强，轴线明确，主次有序。

Located in Changchun City, at the same latitude with France cities, the development is designed in French style with consideration to the height of buildings, modern lifestyle and practical functions. All these buildings are designed elegantly with ternary facade, simple pattern, distinctive axis, and clear order.

项目地点：中国吉林省长春市
开 发 商：中海集团
建筑设计：水石国际
项目面积：288 000 m²

Location: Changchun, Jilin, China
Developer: China Overseas Group
Architectural Design: W & R Group
Area: 288,000 m²

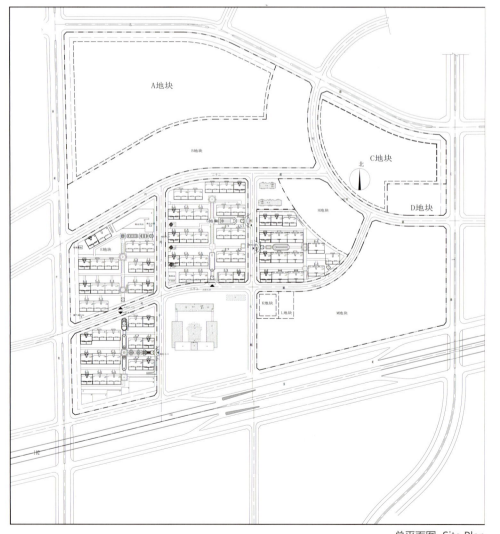

总平面图 Site Plan

项目概况 Overview

长春中海紫金苑项目用地位于南部新城开发区核心位置，紧邻长春市政府、长春市雕塑公园。整个项目用地面积145 300 m²，用地分为4个地块，其中E地块39 668 m²，F地块37 659 m²，G地块42 998 m²，J地块2 496 m²。地块四周均与城市道路相邻，交通较为便利，多条规划城市道路已经建设完毕。

规划设计 Planning

本项目四个地块均有独立的交通系统，每个地块各设两个出入口，在机动车出入口附近设置地下车库出入口，实现机动车的快速入库和完全的人车分流，最大程度减小对地面中央花园环境的影响，保障小区内部安静舒适的生活环境。每个地块内通过主入口广场对人流车流的分别引导，并结合中央景观大道设置了步行系统。

户型设计 Housing Design

小区住宅建筑单元均为"两梯两户"豪华型平层大户型。户型设计尽显奢华、气派。中轴礼序进厅，动静分明，极具仪式感与尊贵感，生活场景次第展开。方正、阔朗全景客厅设计，5.5 m超大面宽，窗外私属美景入怀，从容尺度温润主人心性。三进式奢华主卧套房，转配步入式采光衣帽间，独立郎阔卫生间，打造休憩与私享的至臻境界。

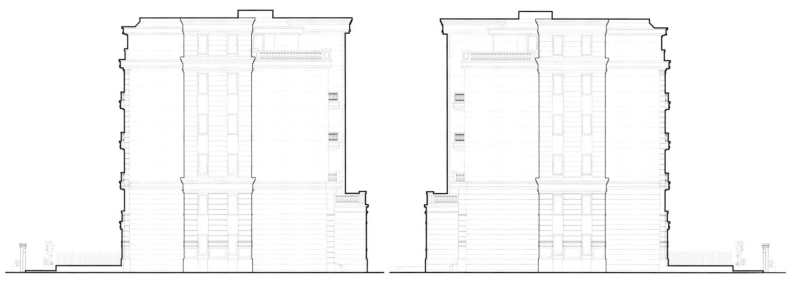

东立面图 East Elevation

西立面图 West Elevation

MASTER AND MASTERPIECE | 名家名盘

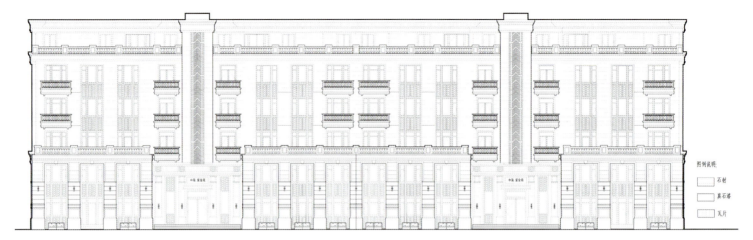

北立面图 North Elevation

南立面图 South Elevation

建筑设计 Architectural Design

定位于与长春纬度相同的法国城市,同时结合建筑高度与现代生活的切合度、现实的可能性等要素,打造适合长春的法式风情。

小区整体建筑以典雅主义风格为主题,三段式立面,构图简洁端庄,几何性很强,轴线明确,主次有序。底层结实沉重,中层是虚实相映的柱廊,顶层为水平向厚檐。垂直柱式从建筑底部直通顶部,有效拉长建筑实际高度,将立面划分的更加整齐。窗和门不加任何装饰,通过本身形状的变化达到活跃的气氛,简洁的檐口只起到点缀作用,整体给人干净利落之感。强调近人尺度的设计细节,如入户大堂的设计,同时利用建筑顶层的露台和楼电梯间形成丰富的屋顶轮廓线。

MASTER AND MASTERPIECE | 名家名盘

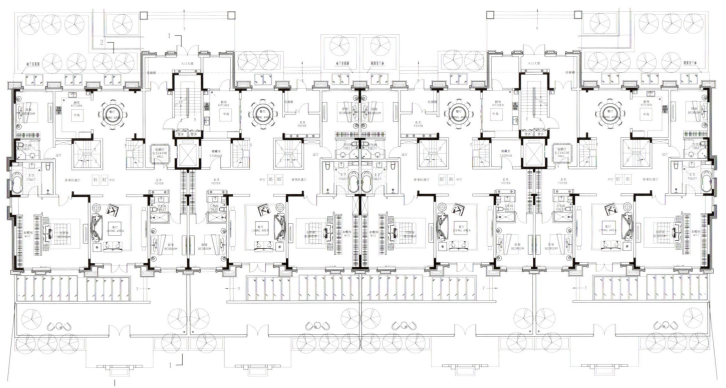

一层平面图 First Floor Plan

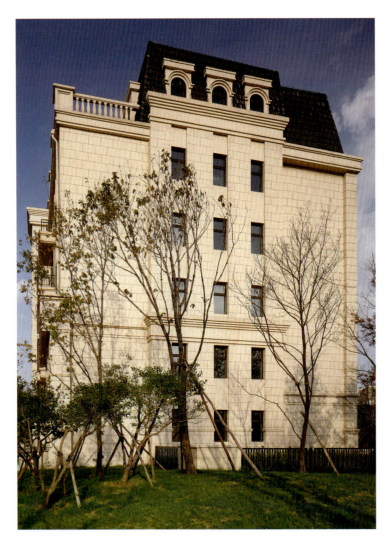

景观设计 Landscape Design

小区绿化率达到40%以上，绿化覆盖面积约58 120 m²。景观设计考虑三层玄关系统、四重景观空间、五重绿化层次，通过外环车道，内部景观人行道的分行设计，为小区居民塑造了一个宁静自然的居住环境。景观节点中，重点打造入口广场、中央景观主轴、北侧端头景观视线收尾节点等重点景观节点。

植物设计上打造四季常绿、三季有花、步步为景的总体效果。重点处理冬季常绿树种配置与观干观果植物的搭配结合。常绿树种以桧柏、云杉、白皮松、竹类为主，落叶树以银杏、玉兰为主。植物设计采用有规律的变化手法，体现节奏感、层次感。

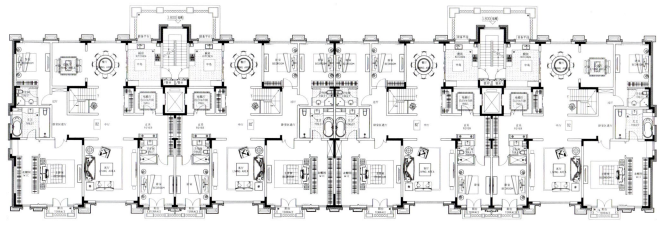

二层平面图 Second Floor Plan

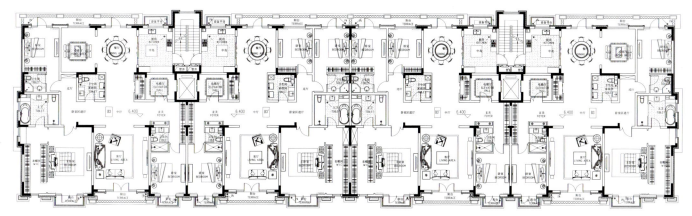

三层平面图 Third Floor Plan

INTERVIEW | 专访

Design Should Base on Local Conditions and Pay Attention to Ecology
设计要立足中国本土，注重生态和谐
——访中央美术学院主任教授、博士生导师 张绮曼

■ 人物简介

张绮曼

中央美术学院建筑学院教授、博士生导师，中国美术家协会环境设计艺术委员会主任。

张绮曼教授是中国环境艺术设计专业的创建人及学术带头人。自1986年从东京艺术大学留学归来后，根据中国建设发展的需要向高教部提出建立中国环境艺术设计专业的申请。1988年获正式批准，在中国高校专业目录中增设了"环境艺术设计专业"。

■ 代表作品

参加及主持大型室内设计建筑装饰项目有北京人大会堂西藏厅、东大厅、国宾厅、毛主席纪念堂、民族文化宫、北京市政府市长楼、外事接待大厅、北京会议中心、北京饭店、中国国家博物馆等大型室内设计项目四十余项，公共艺术品创作二十余项，自工作以来完成各类设计项目共一百余项。

《新楼盘》：您一直提倡"为中国设计"，现在也在倡导"为农民设计"这一公益话题，您如何看待当下的本土设计？

张绮曼：中国的本土设计就是要立足中国本土，考虑中国国情，肩负社会责任，传承中华优秀文化传统，为中国百姓做出有中国文化品格、有地方特色的当代设计。然而许多设计师仍然是把重点放在造型形式上，市场系统的终端买家往往掌握了学术话语权，市场结构的每一个环节都以挣钱为目标，致使环节中的每个人都在支持这种市场系统的运作，都会以牺牲学术创新为代价，所以我们要号召一部分中国设计师能从市场结构中勇敢地跳出来，牺牲一些自己的眼前利益去搞创新设计，当一个创造者及样式重复的批判者，历史不会记住重复者，历史只会记住创造者！

《新楼盘》：您最早提出"绿色、多元、创新"的环境艺术设计理念，这个理念最为核心的元素在您的实践中是如何体现的？

张绮曼："绿色、多元、创新"的环境艺术设计理念的核心元素就是"生态"，"生态"是指人与环境的和谐生命存在状态，这种和谐意味着人与自然、人与社会、人与人的互为谐调和动态的平衡，生态设计才能可持续发展，我们这次"四校联合为西部农民生土窑洞改造设计"就是要将西部黄土高原这一生态文明的窑洞住宅进行保护与提升，延续中国优秀生态住宅文化遗产。

《新楼盘》：作为室内设计行业的大师，您认为怎样的居住环境设计称得上是"美"的，有哪些具体的标准吗？

张绮曼：形象的美观和居住的美好不能等同，而且各个时期美的标准也是不同的，在人的生存环境遭到严重破坏的今天，"美"的标准应当是：造型简雅、低碳减排、适度装饰、安全舒适的居住环境。

《新楼盘》：近年来绿色生态设计备受瞩目，您能否简单谈谈绿色生态设计方面未来的发展趋势？

张绮曼："生态"：是指人与环境的和谐生命存在状态，这种和谐意味着人与自然、人与社会、人与人的互为谐调和动态平衡。

"生态设计"：是指注重对自然生态的维护和谐调，以及人为的生态环境设计，以科技进步为依托，利用科技成果树立环保、健康、文化的理念，在设计中尽可能多地利用自然元素和天然材质，创造自然、质朴的生活环境。通过综合治理的城市建设把人口集中的城市建成为一个有机的、统一的生态系统，给人类以生存和生活质量的保证。因此，生态设计方向是城市环境设计的最为根本的方向。

绿色生态设计方向未来的发展趋势，就是提倡和发展生态适应性设计和生态补偿型设计。生态适应性设计从传统建筑中吸收经验，认为人与自然之间唯一正确的关系就是与自然谐调，人适应自然，而不是自然适应人。生态补偿型设计的观点是试图通过人为的设计，探讨或达到改善人类生活环境的目的，对业已遭到人类破坏的生存环境有所补偿的努力。

城市化进程中不可避免地会对生态环境产生破坏作用，必须要进行补偿，以人工再造第二自然建立城市人工与自然结合的生态系统。这是人类对长期破坏的地球生态环境的一种补救、补偿行为，是有意识地考虑使设计过程和结果对自然环境的破坏和影响尽可能地减少的设计方法和设计措施。

《新楼盘》：您如何理解"最美的楼盘"？对您来说，"最美的楼盘"的规划、建筑、景观应该具备哪些关键要素？您预期会为建筑设计师的实践带来哪些改变？

张绮曼：① 最美楼盘不以造价高低为标准，但可以性价比好坏为参照。

② 建筑与周边自然谐调共生、融入历史与地域的人文环境。

③ 应用减轻环境负荷的建筑节能创新技术。

④ 尽多应用天然材质和循环再生型的建筑材料。

⑤ 创造健康、舒适、安全的室内、外环境。

建筑师应当尽快走出抄袭洋设计或复古仿古的误区，而致力于设计创新；立足中国本土，从传统的建筑设计中吸取经验，如生土建筑、各地民居建筑的自然通风和采光等，也要注重应用当代科技成果，设计创新做出中国各个地区的生态住宅。

Interior Design Level Needs to be Improved to Meet Environmental Requirements

室内设计：环境诉求不容小觑，设计功底亟待夯实

——访同济大学建筑系教授、博士生导师 来增祥

■ **人物简介**

来增祥
同济大学建筑系教授、博士生导师
高级建筑师
国家一级注册建筑师
俄罗斯国家资质建筑师

担任职务：
同济大学建筑系教授，建筑设计与理论、室内设计研究方向博士生导师
中国建筑学会室内设计分会专家委员会主任
上海市建筑装饰协会名誉会长
上海市人民政府建设中心专家组组长
中国人民解放军装饰协会高级顾问
深圳大学客座教授
复旦大学上海视觉艺术学院客座教授
同济联合公司室内设计研究所所长
上海同设建筑设计有限公司总建筑师

■ **主要经历与作品**

北京人民大会堂上海厅、国宴厅室内设计（专家组合作）
北京天安门地铁东站、天安门地铁西站室内设计
上海地铁人民广场站室内设计
上海地铁新闸路、虹桥路、石门路站建筑与室内设计
山东胜利油田振兴村住宅、公建设计
山东泰安联合国世界银行培训中心建筑设计
五国元首上海会议会场室内设计与修复（专家组合作）
APEC会议形象设计专家组成员

境外工程与经历：
莫斯科达尔文博物馆外装饰设计
埃及国会大厦部分会议厅室内设计
荷兰鹿特丹上海酒家室内设计
作为中国评委评审亚太地区室内设计工程
参加美国AHEC阔叶木、荷兰"林诺里乌姆"、首尔世界室内设计国际会议上海、香港两地科技交流等活动
先后在俄罗斯、乌克兰、日本、德国、美国等进行讲课、学术报告与交流活动。

《新楼盘》：您是怎样定义一个优秀的室内设计作品？

来增祥：如何定义一个优秀的室内设计作品，从不同的角度来看有不同的标准。我认为一个优秀的室内设计作品，归纳起来大概有以下四点：

第一，要符合当今生态文明的环境诉求。符合当今生态文明的环境诉求是建筑设计、景观设计和室内设计的前提，是放在首要位置的。现在的环境污染问题已经不容我们怠慢了，就比如说，上海以前是没有雾霾天气的，但是最近几天连续出现了重度雾霾天气，邻近上海的南京也连续停课两天了，所以环境污染这个问题已经不是可以随随便便对待的问题了，这个问题牵涉到了大众的健康和生命。

现在一切的设计，如果不符合生态文明、绿色环保，就可以一票否决。城市规划、建筑设计、室内设计等一切的设计都要符合"低碳、绿色、环保、可持续性"。以前这几个词只是个标签，从来没有人反对的，也从来没有人认真考虑去实践，现在环境污染已经到这种程度了，设计师如果不认真考虑环境问题，那么这个作品就可以被一票否决。有些设计师在为室内设计应该是这种格调还是那种格调争论不休，好像这是天大的事，其实最大的事是我们的设计作品要符合生态文明，设计师的头脑应该要保持清醒，要把"低碳、绿色、环保、可持续性"这些词汇的内涵渗透、演绎到我们的设计立意、构思、布局、空间组织、材质选用和设施配置中去，创造出"绿色建筑"和"绿色室内"的作品来。

第二，要具有上佳的功能特性和科技含量。"实用、经济、美观"是以前一直提的，但是这个观念并没有过时。建筑设计也好，室内设计也好，设计出来的作品不是纯艺术品，是要提供给人们使用的场所和空间，如果建筑和室内设计师设计的东西不实用，这个设计作品就不能算是好作品。比如我出差住的酒店，室内装饰得体，房间功能齐全，隔音效果好，能看电视，能上网，能洗澡，能休息，能满足我们的基本使用要求，当然也还有视觉感受美观等，但是使用功能确实是设计的基本要求，宾客休息的客房设计太多华丽的东西反而不恰当。

建筑和室内设计除了要满足功能特性之外，还要有科技含量。结构、构造、声、光、热、风、水、电等都很重要，科技含量不高，也会影响使用质量。室内照明的问题、空间智能化的问题等一些科技手段是要恰当运用的，这里特别强调BIM(Building Information Modeling)，也就是建筑信息模型技术，这一技术在现在建筑行业高速发展的环境下，从设计、施工到建成后服务的各个周期，它都具有很大的优势。

第三，要显示室内环境所需的文化艺术氛围。室内设计要显示在特定的室内环境中我们需要的文化艺术氛围，这里"所需"两个字是有讲究的，是要根据我们的特定环境"性格"决定的。比如刚才提到的，酒店客房是休息的地方，应"恬静、舒适"。另外歌舞厅、ktv等娱乐性的场所的设计就可以有动态、活泼的环境氛围。博物馆、图书馆、商场、候机楼等不同使用功能的室内空间是有不同空间"性格"的，要根据"所需"烘

INTERVIEW | 专访

托的文化艺术氛围来设计。

第四，具有时代气息和地域特征，还要有很强的创新意识，也就是时空特征和创新意识。我们谈论的设计创作要能跟上时代的步伐，还要考虑地域文化和地区特点。在严寒的东北设计的空间和在温高少寒的海南设计的空间肯定会不同，地形地貌、气象气候、生活习惯、风土人情、地方材料等都会影响到我们的设计创意，这就是地域文化和地区特点对室内设计的要求。另外建筑设计行业、室内设计行业都讲求创新，创新是设计的灵魂，所以创新对一个室内设计作品来讲具有特殊意义。

是否可以说满足以上四点要求，可以称得上是优秀的室内设计作品。

《新楼盘》：您曾经在俄罗斯学习过，您认为您国外学习的经历对您的设计起着什么样的作用？

来增祥：这个问题我先讲讲我当时在俄罗斯学习的一些情况，这样大家就能更好的理解我受到了哪些好的影响。

从1954年到1960年，我在原苏联列宁格勒建筑工程学院建筑学专业学习了六年。列宁格勒建筑工程学院在当时就已经有100多年的历史了，是非常有名的学校。苏联在教学上非常强调基本功、强调要有较宽的基础理论知识，譬如我们除了学习建筑学的设计课程外，也学习一些规划、景观的知识，课程中有俄罗斯建筑史，也有世界建筑史；有俄罗斯艺术史，也有世界艺术史；素描也学，麻胶版套色版画、建筑声学、建筑照明灯都有专设的课程和作业。

由于建筑和室内设计都既涉及技术和艺术，又涉及到一些社会学，因此我们这个行业没有神童。我在清华大学学习的时候，学过力学结构，到了当时的苏联以后继续学习这些，虽然我不是为了成为结构师而学习这些，但是一个建筑设计师和室内设计师能够有机会学习一些结构计算，就能很好的理解结构的一些内在要素，而且在设计实践当中能够很好的和结构师配合。

列宁格勒建筑工程学院不但强调基本功，还强调设计要和实践相联系。我们当时的教研室主任，是列宁格勒的总建筑师，一边在设计工程，一边担任学校的导师，给学生上课。我觉得我们国家的高校不是这样的，有不少的老师基本上不参与实际设计的，而在设计院设计的设计师也很少来学校给学生上课。当时列宁格勒建筑工程学院的这种体制让我很受益，学校直接是和社会联系的，老师的经验都是来自实打实干的自身体验，而不是书本上前人写的理论。在五年级的时候，学校安排我在莫斯科市建筑设计院实习半年，院内竞技赛中我得到了达尔文博物馆外观的方案中标设计。列宁格勒建筑工程学院毕业的时候颁发的不是大学文凭，而是俄罗斯注册建筑师证。这一点就体现了它当时的体制是和社会实践相联系的，学生在学校学习了相关课程和生产实践后，就是一名合格的建筑师了，学校与社会之间是直接对接的。

列宁格勒建筑工程学院当时的学习氛围很开放，50年代的清华大学在国内就开放性这一点来说也还算不错，但在当时和国外相比，相对比较保守一些。在留学的期间，我们当时定了很多国外的杂志看，老师也不反对大家喜欢世界各地所流行的东西，整个文化氛围很开放。这种开放性对建筑师来说也是难能可贵的，可以创造很多设计灵感。

因此在前苏联的学习，可以说是在要有较宽广的知识和扎实的基础、理论联系实际、参加社会实践、重视技术和文化内涵等方面让我受益匪浅。我也非常感谢国家当时在较困难的时候期花了很多钱培养我们这些留学生。

《新楼盘》：您游历过很多国家，您认为国内的室内设计和国外的相比差异主要在哪里？

来增祥：首先，从总体上来讲，最主要的差异是我们的室内设计缺少创新精神。创新是设计的核心价值，创新是设计的灵魂。现在国内的室内设计作品跟风现象很严重，同质化的作品很多。

第二，国内的室内设计受一些政府主要部门和业主的不恰当干预较多。设计师设计作品肯定是要听政府的意见以及业主的意见，这种"干预"是正常的。但是，在这里我所讲的干预是指一些不靠谱、不恰当的干预，如果政府和业主只是单方面地强调某些设计要求，没有和环境整体、没有和设计法规以及合理和必要的设计周期、设计程序统一起来，没有尊重设计师的专业价值意见，就很难设计出较为理想的成果来。

第三，国际上的室内设计强调整体性。室内设计跟建筑、景观甚至和城市都是息息相关的。室内设计不是关起门来设计的东西，要强调和建筑、景观以及城市、环境的整体效果。室内设计师这个职业在欧洲不是这么称呼的，而是叫室内建筑师，国外的设计师认为室内是不能和建筑绝然分开来的。清华大学的建筑大师吴良镛也有类似观念，认为大建筑的概念一头可以延伸到规划，一头可以延伸到室内，建筑不是孤立的。跟国外相比我们的整体性观念相对就比较差些。

第四，从整体上来看，国内一些设计师相对地专业素养跟不上设计任务的要求，和国外的设计师相比，有一定的差距。由于社会发展的需要，进入室内设计的队伍非常庞大，目前还没能建立"注册室内设计师"的体制。有一些设计师的专业基础不够扎实，对建筑的素养、对结构、构造的理解、对建筑设施"风水电、声光热"等，掌握得甚少。这跟国外比起来，我们还需要努力赶上。

《新楼盘》：您在同济工作了50年，作为建筑设计行业的资深前辈，培养了一大批建筑及

室内设计人才，您认为年轻的设计师应该从哪方面提升自己？

来增祥：第一，要有扎实的专业基础和专业素养。设计师提升自己是要从根底上做起，首先要有扎实的基本功。设计师除了要掌握建筑学、室内设计学等专业知识，还要有相关的科学以及文化艺术方面的知识，甚至还要懂一些社会学的知识。在这个问题上可能会有人会说，日本建筑界的建筑大师安藤忠雄就非科班出身，但我认为这只是个案，不具有代表性，极大多数成功的设计师的功底都是非常扎实的。

第二，要灵通国内外的本专业、本行业的发展动态。现在的社会是信息社会，设计师若满足于现状，不与他人、不与国外交流、比较，是看不到自己存在的差距的。现代社会包括建筑学都发展得很快，作为一名设计师应该要知道国际上当今的理念是什么，推广的技术是什么，像我前面提到的这个BIM技术，就是设计师应该要好好运用的。

第三，要有非常强烈的创新意识。这在前面几个问题中我也提到了这一点，为有创新，必须勤于思考，立志在本专业中有所突破，在技术、艺术、社会学方方面面潜心专研，发挥好个人和团队的协作精神，要有"敢与天公试比高"的精神。

最后还提一点，我希望我们行业的年轻设计师和设计公司要有一定的社会责任心。设计师的作品不是关起门来的，设计师的作品最后是要面向大众的，设计师的作品对大众起着直接的影响和引导作用。

"以人为本"也是建筑这个行业经常提的，我认为在这个理念里，建筑和室内设计应该多向弱势群体倾斜。现在是老龄社会，建筑设计和室内设计应该多考虑老年人的需要，在有残疾人出入的场所，应该要有无障碍设计。建筑包括室内设计，首先应该要关注大众的需求，要为大众服务。

我举一个例子，目前上海正在建造的上海中心大厦是一幢超高层建筑，高为632 m，我很赞成上海中心大厦的设计，大厦有五层购物空间，地下三层和地上两层是购物场所，在地下二层有一个地铁车站，这就能让老百姓也能进去。设计师应该要关心大众用的建筑和室内设计环境；关心一般白领和普通人居住的住宅设计；关心中小学、门诊所和医院的设计；关心地铁、车站等公共建筑的设计，这并不是说高级别墅、高端住宅、高端公共活动场就不要关心，而是设计公司和设计师应该首先满足大众对室内空间、场所的需要。

《新楼盘》：您认为未来室内设计会朝着什么样的方向发展？

来增祥：首先，肯定是朝着生态文明、节能环保、绿色低碳这个方向发展的，这是第一位的。美国很早以前就有了LEED认证标准，我们国家的绿色标准才刚建立起来，但是这肯定是21世纪建筑和室内设计发展的总趋势。

第二，从风格方面来看室内设计的发展趋势。

前几年，国内的室内设计欧式风格的比重比较大。欧式风格是一种统称，实际上可以分为两种，一种是古典式的欧式风格，一种是简约式的欧式风格，也可以称为简欧风格。近些年，在酒店和公寓类住宅建筑和室内设计中，欧式风格的室内设计作品比重可能要占五、六成左右，这其中简约式的欧式风格的比重比古典式的欧式风格要大。办公类建筑和室内空间中由于使用功能的特点，以现代风格为主的室内空间占极大多数。

今后在住宅、酒店建筑类别中，现代的、有中式韵味或东方韵味的装修风格，也可称为中国风或新东方风格的比重会上升。设计师可以借用一些传统建筑里边的某些设计手法和纹样，当然传统建筑里的"神"和"魂"更值得我们借鉴。比如，传统中式风格中"和谐"的概念，"和谐"强调建筑和自然的融合，强调人、建筑与环境（包括自然环境和人造环境）的和谐，"和谐"是中国秩序的精神。

另外乡土风格、村镇风格的室内设计的比重在住宅建筑中也会有上升的趋势。我到美国考察的时候，看到洛杉矶的样板房，有不少是乡土风格。

《新楼盘》：您如何理解"最美楼盘"？对您来说，"最美楼盘"的规划、建筑、景观、室内设计应该具备哪些关键要素？您预期会为设计师的实践带来哪些改变？

来增祥：关于"美"这个字，我先讲点有意思的。我们可以把"美"这个字拆开来，理解为"羊大为美"，具体是什么意思呢？这就是说"美"是有功利要求的，不光是要从外表上看上去很美，也必须要满足功利的要求。功利就是要非常实用，价有所值，用现在的话来讲就是性价比高。我觉得这句话也可以用来理解"最美楼盘"，我们不要只从外观上来评价"最美的楼盘"，楼盘是给人住的，让人住得舒适也是评价楼盘的标准，也就说楼盘要具备功能性。"最美楼盘"要从外观和功能性两大方面去理解。

概括来讲，我可以用八个字来概括楼盘的外观美要求：生态、健康、宜居、和谐。我曾经提出过这样一个概念："SHCB"，就是说建筑要"安全、健康、舒适、美观"。这个概念就和我刚才概括的楼盘外观美基本吻合。楼盘室内的功能性也可以用八个字来理解它的要求：温馨、舒适、恬静、愉悦。楼盘外观美和功能性的要求并不是分开来讲，也就是说前面提到的十六个字可以串起来讲，举个例子，"生态"这个词既可以作为外观美的要求，也可以作为功能性的要求。但是，我要强调一点，这"十六字要求"是必须把生态放在第一位，假如生态这一点没有做到位，下面就可以不谈了，"生态"起着一票否决的作用。

INTERVIEW | 专访

Consumer Culture Changing Results in Revolution in Commercial Design

消费文化的演变带来商业设计革命

北京博地澜屋建筑设计规划有限公司曹一勇、区婷婷

■ **人物简介**

曹一勇
世界华人建筑师协会资深会员
全国工商联商业不动产专委会专家委员
亚太商业不动产学院学术委员会委员
北京博地澜屋建筑规划设计有限公司总设计师
国家一级注册建筑师、高级工程师、建筑学硕士

近年来，商业建筑在国内发展的如火如荼，已然成为建筑设计领域的一大亮点。2010年以来，房地产紧缩型调控拉开帷幕，新政主要针对住宅市场，而商业地产便成为楼市调控新政的受益者，以致我国商业地产呈爆发式增长，几度创下历史新高。虽然有些城市商业地产泡沫已逐渐显现，但绝大多数二、三线城市对商业地产的需求依然很大。究其根本，是因为大众消费理念逐渐改变、新型综合性购物中心已迅速成为众多城市商业零售市场的主力军，而传统的商业物业已很难满足大众对物质以及精神的需求，商业模式及消费模式急需升级换代。

消费文化的演变、消费观念的转变

随着社会的发展以及舶来文化的影响，人们越来越注重物质生活之外的精神生活。购物消费模式也由传统的被动式消费逐渐发展成为体验式消费，精神需求一跃成为人们生活中的首要追求。英国社会学家迈克·费瑟斯曾说过："消费文化已成为后现代社会的动力，它彻底消解了艺术与生活、学术与通俗、文化与政治、神圣与世俗之间的分野，深刻地影响与改变着我们的生活方式。"正是由于消费文化的影响，商业建筑以及商业购物模式已然渗透到人们衣食住行的各个层面之中。商业建筑已经不单单是一栋简单的建筑物，它是一个空间、一个场所，更是城市生活的中心。在这里，不仅有物质的交换，还有信息交流，文化的渗透以及精神的传播。

商业综合体设计的特别之处

我国的商业建筑的发展经历了从百货店到超市再到购物中心等集聚型商业形态的转变过程。购物中心的发展至今不过十年左右的时间，尚未全面进入购物中心发展的成熟期，对于购物中心的开发模式以及商业建筑的设计尚处于探索阶段。那么，与一般的建筑设计相比，商业综合体的设计有什么特别的要求呢？这也是许多开发商、建筑师苦苦思索的问题。商业地产是一种"胶结剂"，它将城市拼接在一起，同时它又扮演着社会公共领域的角色。商业综合体的设计，要使更多的顾客光顾商场，并用更长的时间逗留和消费，从而获得最大的利润。我们经常会看到同在一个街区仅隔一条马路的商场，经营状况却截然不同，一家生意红火而另一家却门可罗雀。还有一种情况，即商场设计新颖，空间丰富、舒适却经营惨淡。因此，商业综合体的设计不单单是建筑的设计，而是建筑设计和商业环境设计共同协作并完成的设计。在整个设计的过程中更免不了商业策划、销售招商、运营管理等多专业的共同协作以及全程配合。

从商场规划设计的角度来看，选址、租户、客户需求以及特色这几个因素是至关重要的。位置决定了商场的可达性、可视性以及便利性；商家及品牌的号召力是吸引购物消费的重要因素；好的商场能满足顾客的多种需求，包括方便性、安全性及舒适性；特色能抓住消费者的"味蕾"。从建筑设计角度来看，包括概念方案、方案深化、初步设计、施工图、施工配合以及竣工验收。其中，方案设计至关重要，动线的合理性和高效性是商业建筑内部空间规划的一个重要环节。建筑的空间设计、界面设计同样也是方案设计过程中需要重点考虑的部分。好的方案设计能使顾客在购物过程中充分体会建筑师的空间意图，提高整个购物环境的舒适度与趣味感。从商业环境设计的角度来看，包括景观、室内、信息系统、幕墙体系、照明、广告等各专业的设计。信息系统又包括色彩、标示、导视、VI、艺术。所有的专业统一起来，形成了覆盖面广、统一度要求高的商业环境设计。对于目前的商业综合体项目来说，如何综合掌控从规划设计到建筑设计再到环境设计全过程将是个不小的挑战。

商业设计最终营造的是项目整体的商业氛围。需要建筑、景观、照明、色彩、标识、形象艺术等多专业相互协调、渗透、同步进行才能事半功倍。

国外商业设计理念较为成熟，完整的商业

设计过程应该包括：形象概念设计、建筑功能平面、界面设计、室内设计、环境设计、标识系统、艺术设计等几大部分，而其中涵盖的设计专业包括规划、建筑、景观、室内、平面、色彩等等（还未包括项目施工图设计阶段的结构、水、暖、点、概预算、总图等专业以及种植、广告等专业）。不难看出，建筑设计仅仅是商业设计系统中的一环，它替代不了商业设计的全部。尤其是大型综合商业项目如果采用一般地产项目的建筑设计来替代商业设计，专业缺失的严重后果必将是项目时间、质量、投资成本的失控和项目最终收益的降低。

如何实现好的商业综合体设计（以博地澜屋设计项目"山西阳泉藏山文化广场"为例）

一直以来，我所在的企业——北京博地澜屋建筑设计机构致力于针对商业地产全程设计的探索与研究。我们认为，随着大众对精神文化生活的要求不断提高，未来商业地产除具备现代商业氛围、满足基本商业功能要求外，一定要结合城市发展现状、挖掘城市文化特质，与城市和人的精神需求产生共鸣，打造独具区域特质，商业氛围与文化特色并重，传统与现代相结合的城市商业综合体。

以我公司设计的"山西阳泉藏山文化广场"为例，商业地产，商业规划定位、策划招商、建筑设计等过程都与其城市本土文化相结合。建筑空间布局、界面打造、景观系统、导视系统等各专业统一围绕"藏山文化"主题进行构思与设计，对其文化特质进行提炼、简化，使传统文化得以传承再生。

本项目商业模式为持有物业与销售物业并存。销售部分设计为商业街区，如藏山文化商业街、风情商业街；持有部分设计为主题MALL。以藏山文化为主题的"藏山文化广场"成为整个项目的核心与主要发力点。在这里，我们要实现传统与现代的对话；在这里，我们要打造城市市民的精神依托；在这里，我们要创造夺目的城市中心。

如何实现？设计中引入"戏台"、中式符号等传统元素。在整个项目的核心区域（藏山文化广场）搭建传统戏台，营造多元化的共享空间。它介于主题MALL和商业街的交汇处，同时与入口广场形成对景关系，是整个项目的点睛之笔。中心广场将人流大量引入内街，在增加内部商业的可达性的同时，提升内街的商业价值。主题广场如同大型商业内部的"共享中庭"，汇聚人流、提供休闲娱乐场所，同时能为各类商业推广活动提供平台。本项目充分展现城市文化特质，成为展示城市形象的地标性节点。这不仅为项目推广推波助澜，更传承了城市的地域文化，为城市发展做出贡献。

在整个项目的设计过程中，除了对商业动线的仔细推敲、平面功能布局的认真研究之外，我们结合当地的文化特质打造一系列的商业环境系统设计，真正做到建筑景观、环境、导视、标志、色彩、艺术等一体化设计，完成完整的商业设计。在保证购物动线清晰、平面功能布局合理的同时，强调文化元素的融入，注重顾客的精神享受。通过对比、统一的设计手法展现古今文化的激烈碰撞，达到传承并发扬地域文化的目的。

图为"藏山文化广场"项目入口广场效果展示图，建筑核心空间、商业小品LOGO、景观地刻、导视系统等多专业设计语言高度统一，不仅营造愉悦的商业氛围，而且将项目与城市文化特质紧密相连，主题突出，使项目本身商业价值、社会价值都得到提升。只有把握好商业设计这个关键点，将项目商业氛围打造成功，不但为商业项目增值，也将为城市建设带来新的地标性景观。

我们要强调的是，好的设计方一定要具备足够的专业性以及责任心。优秀设计方的选择是商业地产成功的必要条件。但在商业地产操作过程中，设计不是主宰、也不是唯一因素。成功的商业地产需要众多的专业团队相互配合，形成合力。商业规划给出精准项目定位，能够大幅节约时间成本，设计方为此提供大量技术支持，保证项目成功落地。所有的设计思路需要销售、策划的引领。反之，设计提出的好的建议，也同样需要策划招商的支持与认可，只有经过不断沟通与完善，项目的成功率才会更高。成功的项目不可复制，但失败的项目却极具借鉴性。商业地产项目唯一不变的就是变化，尊重其规律和方法，理性操盘才能打造成功的商业项目。

未来商业建筑设计的发展趋势

越是二三线城市，商业升级换代需求越发强烈，在其业态布局、动线组织、愉悦购物环境的打造等方面，可提升空间也越大。但对于操盘者分析、判断、操作项目的综合实力的要求也更高。开发商更应认清自己的资源优势，谨慎分析市场，理性判断方向，精准项目定位，同时协调各方意见、取舍平衡、统筹决策，实现项目价值最大化。商业建筑的未来发展方向显而易见。随着商业建筑日益发展，探索可持续发展的设计之路迫在眉睫；把大型的购物中心与城市整体交通环境相整合也成为未来商业形式发展方向之一；追求个性的新型商业空间的创造也将成为商业设计的重要环节；如何深度挖掘地域传统文化，如何结合文化塑造建筑特有的性格特点也将成为今后商业设计的一大研究课题。商业项目的成功，可以使项目经济价值得以保证、文化价值得以提升、社会价值得以充分发挥，也是建筑师与开发商共同追求的终极目标。

CHINESE-STYLE LANDSCAPE

| Mont Conqu é rant, Chengdu

人文韵味浓厚的中式园林景观——成都花样年君山

项目地点：中国四川省成都市
开 发 商：成都新津友邦房地产开发有限公司
设计公司：深圳市柏涛环境艺术设计有限公司
项目规模：120 000 m²

Location: Chengdu, Sichuan, China
Developer: Chengdu Xinjin Youbang Real Estate Development Co.,Ltd.
Landscape Design: Shenzhen Botao Landscape Art & Design Co.,Ltd.
Size: 120,000 m²

水景的设计形成了整体景观的核心，为整个园区提供了一份灵动和睿智。大水面、大广场彰显了景观布局的气质和从容，开合有序，进退有度。具有浓郁的中国式园林韵味，环水曲桥，传承了历史文脉的延续。

Waterscape becomes the focus of the landscape system, bringing vitality for the garden. Large area water and square combine together to highlight the magnificence of the landscape. With typical Chinese-style landscape elements such as water and bridges, it well continues the historical and cultural context.

NEW LANDSCAPE | 新景观

总平面图 Site Plan

项目概况 Overview

本项目位于平缓的山岭地带，三面环山，林木茂盛，水脉丰富，建筑规划呈向心式环绕布局，景观设计根据项目自身优势，确定以核心水景观区为中心，沿放射状轴线，渐次展开，过渡到山地景观这一设计原则。

景观分区 Landscape Areas

设计过程将全园景观分为功能景观区、核心水景区、山地景观区及山地宅间景观区四大组团和一个引导性景观区域。入口区域的景观设计为引导性景观区域，矩形竹阵呈序列化的递进形式排列，具有很强的韵律感。竹子的大量运用，开门见山地表达了景观所追求的儒雅品味和超凡脱俗的人文气息，强化了该项目的高尚品质。水景的设计形成了整体景观的核心，为整个园区提供了一份灵动和睿智。大水面，大广场彰显了景观布局的气质和从容，开合有序，进退有度。具有浓郁的中国式园林韵味，环水曲桥，传承了历史文脉的延续。

生态景观 Eco Landscape

自然生态的景观设计，既是人们审美情趣的要求，也是健康人居环境的基础。水景于秀，林地景致通幽，悠然秀丽，尽显景观精粹，同时更展现了该项目的高端品质。"仁者乐山，智者乐水"，山地景观充分利用地形地貌和原有植被，梳理整合，强化植栽的丰富性和植被景观的多样性，亭、台、栈道穿插其间，坡地草坪，竹影婆娑，曲径通幽。人在山水间，其心悠然，其性怡然。

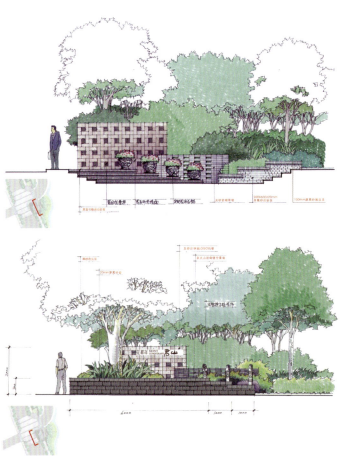

NEW LANDSCAPE | 新景观

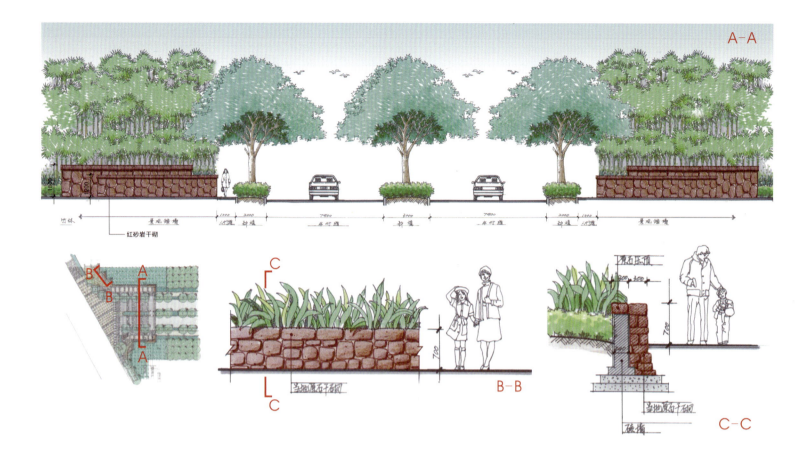

NATURAL AND ECOLOGICAL LANDSCAPE OF SPANISH STYLE

| Hehai Dragon Bay

自然生态的西班牙风格景观—— 河海龙湾

以温泉为核心元素，通过具有中式庭院思想的设计理念，结合尊贵欧式风格的景观表现手法，营造出一种集互动性、文化性、趣味性于一体的全新度假休闲生活方式。

Designed with hot spring as the theme, and following the design idea of traditional Chinese courtyard, it uses European-style landscape skills to present a kind of leisurely lifestyle which is characterized by interactivity, culture , and enjoyment.

图例：
01 出入口
02 力量之泉
03 景观大道
04 广场景观
05 正义之泉
06 广场喷泉
07 修剪绿篱景观
08 欧式喷泉
09 下沉式草坪景观
10 欧式景观亭
11 入口大草坪
12 喷泉广场
13 思念之泉
14 青春之泉
15 爱情之泉
16 愿望之泉
17 幸运之泉
18 智慧之泉
19 生命之泉
20 林带
21 网球场
22 9洞高尔夫推杆练习场
23 游泳区
24 驳岸码头
25 观河平台
26 景观塔
27 高尔夫击球练习区
28 景观塔
29 沙滩排球
30 垂钓区
31 儿童活动区
32 杨树林

总平面图 Site Plan

NEW LANDSCAPE | 新景观

项目地点：中国辽宁省营口市
开 发 商：天通地产
设计单位：北京易德地景景观设计有限公司
设 计 师：鲁旸
项目面积：80 000 m²

Location: Yingkou, Liaoning, China
Developer: Tiantong Property
Landscape Design: Openfields
Designer: Lu Yang
Area: 80,000 m²

项目概况 Overview

本案以温泉为核心元素，通过具有中式庭院思想的设计理念，结合尊贵欧式风格的景观表现手法，营造出一种集互动性、文化性、趣味性于一体的全新度假休闲生活方式。

景观设计 Landscape Design

在设计中，人的肢体语言表达着最为深刻的思想内涵，虽然本案传达着一种西班牙式的设计元素和符号，但是要通过人的肢体验证，并且用肢体的语言表达出来，这是相通的。通过景观设计，使人感悟生命起源，以时空变幻为景观设计主轴线，追溯历史，回归本源，感慨时光飞逝，体会生命的真谛。

PROFOUND HAKKA CULTURE, HIGHLIGHTED HEALTH PRESERVATION IDEA | Hakka Town in Meizhou Hakka Park Scenic Spot

客家文化浓厚 养生理念突出 —— 梅州客天下旅游产业园客家小镇组团

项目地点：中国广东省梅州市
建设单位：梅州市鸿艺集团
设计单位：广州市四季园林设计工程有限公司
设 计 师：原帅让、施良、王增等
规划面积：约45 000 m²
建筑占地面积：15 000 m²
景观面积：30 000 m²
奖　　项：首届"广东省岭南特色规划与建筑设计评优活动"
　　　　　　岭南特色园林设计-铜奖

Location: Meizhou, Guangdong, China
Construction: Meizhou Hongyi Group
Designed by: Guangzhou Shiji Yuanlin Design Engineering Co., Ltd.
Designers: Yuan Shuai Rang, Shi Liang, Wang Zeng, etc.
Planning Area: 45,000 m²
Building Area: 15,000 m²
Landscape Area: 30,000 m²
Award: third prize of landscape design on the first "Guangdong Lingnan-style Planning & Architectural Design Assessment"

项目概况 Overview

梅州客天下产业园位于广东省梅州市梅江区东升工业园,于2006年3月开工建设,目前已完成客天下广场、客山湖、圣山湖、别墅洋房等组团。"客家小镇"组团位于圣山湖组团东南侧。

景观设计理念 Landscape Design Philosophy

景观主体设计理念以客家风情园林为主,着重体现客家文化风情元素,从材料搭配、树种选择以及小品元素等设计上与小镇建筑外立面协调统一。

景观设计原则 Landscape Design Principle

一、国际性和唯一性的原则

项目力图形成具有国际一流水准的以纯正的客家风情园林为主题的文化、旅游、养生等为一体的小镇生态景观。

> 景观主体设计理念以客家风情园林为主,着重体现客家文化风情元素,从材料搭配、树种选择以及小品元素等设计上与小镇建筑外立面协调统一。
>
> Themed as Hakka style, this design highlights Hakka cultural elements and emphasizes the harmony between the selected materials, plants, furniture and the building facade.

总平面图 Site Plan

NEW LANDSCAPE | 新景观

二、以人为本、生态古朴的原则

人是景观的主体，为都市人提供安逸舒适的环境，是景观生态学的目标。客家小镇作为一个基质，把人从都市中解放出来，迈向古朴的小镇，尽享生态、古声古色的客家小镇气息。

三、大环境与小环境结合的原则

外部大环境的大度简约与内部小环境的精致小巧相结合，维护大的山体背景的绿色环保概念，同时拥有舒适的小环境空间。

四、城市化与生态化结合的原则

客家小镇园林景观的建设意味着梅州产业园的主导文化，与城市化旅游产业链紧密联系是设计的重要原则之一。

五、种植设计原则

保证景观艺术和生态效益两者兼得，根据结构覆土以及景观立面进行合理种植搭配、多采用绿量大的品种，同时结合姿态好、花期长的特色品种，形成有序的、层次丰富、整体感强的绿化组团景观。

六、市政配套原则

该组团由于地形复杂，给排水设计由甲方自行设计，园林景观照明主要位于林风眠艺术馆、小镇入口门楼、养生园缘客寺、嘉应观的园林建筑当中。建筑均采用白光立面照明，重点照明建筑下半部、上半部可稍暗，使景观层次分明，获得较好的视觉感受，从而给游客呈现出舒适感和轻松感；小型的园建不设光源，其光源主要来源于庭院灯。

设计特色 Design Features

设计着重体现了客家风情文化结构，客家风情建筑、客家生态老屋、客家山歌、酿酒、饮食以及养生文化等理念。

总体效果良好，很多细节凸显了客家小镇文化气息，聚集了客家文化的精髓。尤其是以下几个方面：

一、入口"塑树"与真树的结合很好的体现了自然生态的设计理念。

二、养生园充分利用了原有圣人湖水坝，通过30 m的高差让山区有天然的视觉震撼，同时利用了天然的跌水瀑布通过中心湖区以及二层建筑空间的弱化，并经过热加工等温泉水疗处理，把整个空间俨然变成一个生态氧吧。拜仙台、嘉应观、缘客寺、爱情岛、鹊桥等园建把养生园的各个节点等包容起来，形成一个私密的、别有洞天的养生空间。佛教文化的运用——观音、罗汉、童子等人物雕塑在山体上的立面设计很好的将文化与自然形式统一协调起来，使客家小镇包罗万象，集养生、休闲、客家文化、佛教文化等为一体。

三、大街是游览"客家小镇"的主要交通路线，结合现状已建建筑及通过建筑周边及排洪沟的跌级绿化花基边缘的处理，竖向上弱化大街的高差，平面上的收放丰富了游人视线的层次，使之消隐于大街中。局部的小空间用小景墙、景石、石磨点缀，增加了景观的细腻度。

B-B 剖面图 Section B-B

A-A 剖面图 Section A-A

FEATURE | 专题

FEAT

专题导语

2008年，《新楼盘》杂志创刊，如同一颗幼小的种子开始在土壤中孕育着参天大树的梦想。历经风雨洗礼的五载，当初的种子已经长成一株大树，在市场的风云跌宕中依然坚持着自己梦想。五年的时间，或许不算太长，但对于我们来说，却是弥足珍贵的成长光阴。2013年12月8日，这是我们的重要时刻，在广州琶洲保利世贸博览馆我们成功举办了"2013中国美居设计高峰论坛暨美居奖颁奖典礼"。本着"公平、公正、公开"的评审原则，我们邀请中国建筑设计、景观设计主流媒体和专业机构组成强大的评审阵容，通过对众多权威机构的数据分析、项目美誉度、媒体调查等手段，推选2013年中国地产界100个引领风尚的最美楼盘并将结集出版。活动虽已落下帷幕，但这不是结束，这是新的开始、新的征程，我们将朝着更为光明的方向努力生长。本期专题，我们将与您一起重温这场颁奖盛会。

URE 美居奖

Introduction

New House was founded in 2008 as a small seed starting the dream of being a towering tree in the soil. After five-year baptism of wind and storm, the original seed has grown into a tree and still sticks to its dream in the turbulent environment. Five years, perhaps not too long, but for us, it is the precious growth time. The day December 8, 2013 is our important growth time that we successfully held the "2013 China Meiju Forum & Awards Ceremony" in Pazhou Poly World Trade Expo Pavilion in Guangzhou. Based on the valuation principles of "fair, judicial and open", we invited mainstream media group of Chinese architectural design, landscape design and professional organizations to form a powerful review team; through the analysis of numerous data from the authority, project reputation and media survey, we elected 100 most beautiful architectural works that leading fashion in 2013 and publish them in this issue. This activity has finished now, but it is not an end, instead, a new beginning, a new journey that we will strive to grow up in a better way. In this special topic, we will review the awards ceremony together with you.

FEATURE | 专题

Best Brains Gathered Together to Discuss Challenges and Opportunities in China's Architectural Design
—2013 China Meiju Forum & Awards Ceremony Held Successfully

数百业内精英齐聚 热议中国建筑设计的机遇与挑战
——2013中国美居设计高峰论坛暨美居奖颁奖典礼成功落幕

12月8日，由佳图出版传媒集团发起，业内著名地产设计专业杂志《新楼盘》主办的2013中国美居设计高峰论坛暨美居奖颁奖典礼，于广州琶洲保利世贸博览馆1号馆举行。中国地产界、建筑设计界、景观设计界的顶尖设计师、学者，以及业内知名企业家等数百位嘉宾共聚一堂，热议中国建筑设计的机遇与挑战。

▲ 2013美居奖系列活动——活动现场1

▲ 2013美居奖系列活动——活动现场2

▲ 2013美居奖系列活动——活动现场3

开彦：绿色与高科技没有关系

中国房地产研究会人居环境委员会副主任专家组长开彦作了开幕演讲，他指出目前绿色建筑的发展现状、存在的问题以及将来如何发展，并提出了"绿色住区"的概念，绿色住区要具备整合资源、紧凑规划、绿色交通、开放住区、舒适步行等关键要素，为共享城市的文明创造了一个好的标准。

他认为，绿色建筑可以用简单的三项原则来概括：第一，就是资源、能源的最大化，用最小的环境负荷创造健康舒适的生活；第二，节能并不等于高成本，也不等于不用能耗；第三，就是绿色与高科技没有关系。绿色建筑的关键在于行动，关键在于从基层抓起，要有自下而上的内在的动力，能够促进我们绿色建筑的发展。

肖毅强：建筑设计应转向假日模式

而主题演讲嘉宾华南理工大学建筑学院副院长肖毅强教授表示，景观在整个建筑过程中应该放在第一位，也就是"景观——规划——建筑"这个顺序。他指出，住宅应该由"平日模式"过渡到"假日模式"；"室内装饰"应该转变为"室内布置"，变不可移动的家居、不可改变的空间构造为可移动家居和百变空间构造。

肖毅强提到，现在的建筑规划的任务要适应可持续城镇发展的要求，要去构建城市文明和社会的和谐。基于这样一个主题，我们关心的是个人的居住空间，我们每一个居住单元的居住空间，在这个情况下我们关心的是建筑面积，关心的是豪装。但是怎么保证我们的建筑在20年以后适应这个社会的发展呢？因此有了"生活空间"的概念。购房者的选择其实有限，要么挑生活空间，要么挑居住空间。居住空间只能在郊外的豪宅里面实现，"生活空间"则有齐全的城市、交通配套。社区，就是说我们要形成社区的感觉，社区就是软硬结合的问题。要强化城市配套，要强调邻里关系、居民自制的问题。肖教授还列举了很多实战例子，为现场的来宾和观众深入浅出地分享美居设计，现场观众嘉宾大为赞赏，都极为专注倾听，现场更是被围得水泄不通。

两位专家的旁征博引，将高峰论坛推向高潮。

FEATURE | 专题

精英对话1：城镇化背景下的楼盘设计创新与趋势

精英对话环节中，在洲联集团五合国际总经理满莎的主持下，广州瀚华建筑设计有限公司董事长冼剑雄、华森建筑与工程设计顾问有限公司发展总监邓明、鼎世设计集团总经理谢璇、上海魏玛景观设计公司合伙人/总经理贺旭华、SKYLINE思凯来国际副总经理陆静、深圳立方建筑设计顾问有限公司副总经理/设计总监彭光曦、深圳赛瑞景观工程设计有限公司设计总监庞美赋、CDG国际设计机构总经理张磊等嘉宾就"城镇化背景下的楼盘设计创新与趋势"展开了精彩的辩论，碰撞出一束束设计创新闪亮的火花。冼剑雄认为，设计师应该去研究更专业化、精细化的问题，怎样去体现空间为人的活动服务的本质，也是建筑的本质问题。邓明认为三中全会后的"城镇化"，应该叫新城镇化。他认为城镇化对中国的未来影响非常大。在城镇化发展过程中，"绿色、生态"是必须要保持的。

▲ 2013美居奖系列活动——精英对话1

▲ 2013美居奖系列活动——精英对话2

精英对话2：商业地产的设计应更加重体验

在第二场精英对话中，话题转向目前热潮汹涌的商业地产，在AIM设计集团董事陈晓宇的主持下，鼎世设计集团总经理/技术总监谢璇、上海海意建筑设计公司合伙人/首席设计师江海滨、天萌（中国）建筑设计机构总建筑师陈宏良、GVL国际怡境景观设计有限公司中国区董事、设计总监彭涛、博德西奥（BDCL）国际建筑设计有限公司副总经理马雅萍、上海天合润城景观设计创始人、总经理马志刚等嘉宾探讨了"2014商业地产的设计创新与趋势"，嘉宾们认为，为应对电子商务的冲击，商业地产的设计更加重体验；为形成自己的独特定位，商业地产拒绝复制，提倡个性化和差异化的发展，比如商业地产可以女性为主题，营造一种浪漫的感觉，或者增加亲子体验空间等。

2013美居奖颁发10大奖项

2013美居奖系列活动的压轴大戏"2013美居奖"颁奖典礼也于论坛启幕之时隆重登场。"美居奖"作为房地产设计类的综合性大奖，是房地产界、地产设计行业内最权威的专业奖项之一。本着"公平、公正、公开"的评审原则，新楼盘杂志社邀请中国建筑设计、景观设计主流媒体和专业机构组成强大的评审阵容，通过对众多权威机构的数据进行分析，项目现场实地调研、业主访问、媒体调查等手段，推选2013年中国地产界引领风尚的最美楼盘并将结集出版。

本届"美居奖"共设10大奖项，包括中国最美楼盘、中国最美别墅、中国最美风格楼盘、中国最美人居景观、中国最美商业地产、中国最美旅游度假区、中国最美酒店、中国最美文化建筑、中国最美样板间、中国最美空间。

FEATURE | 专题

创意园区与业界标杆企业考察之旅

12月8日下午2点，2013美居奖系列活动——创意园区与业界标杆企业考察之旅开启。美居奖组委会带领与会嘉宾，分别参观考察了广州极有代表性的两个创意园区与业内标杆企业：广州红专厂创意园、羊城创意园以及顶尖设计机构广州瀚华建筑设计有限公司、天萌（中国）建筑设计机构、广州山水比德景观设计有限公司。

▲ 2013美居奖系列活动——广州瀚华建筑设计有限公司参观考察

▲ 2013美居奖系列活动——天萌（中国）建筑设计机构参观考察

▲ 2013美居奖系列活动——广州红专厂创意园参观考察

▲ 2013美居奖系列活动——山水比德景观设计有限公司参观考察

▲ 2013美居奖系列活动——羊城创意园参观考察

▲ 2013美居奖系列活动——设计管理交流会对话嘉宾

收官之作：设计管理交流会

下午4点，2013美居奖系列活动收官之作：设计管理交流会在羊城创意园隆重召开。

广州瀚华建筑设计有限公司项目总监周翔作为嘉宾主持，与住建部住宅建设及产业现代化专家委员会委员、中国房地产研究会人居环境委员会副主任专家组长开彦、上海中建建筑设计院有限公司副院长曾奇峰、广州山水比德景观设计有限公司董事、设计总监利征、博德西奥（BDCL）国际建筑设计有限公司副总经理马雅萍等嘉宾，就建筑设计、景观设计、公司战略、模式、产品、人才等方面展开充分的讨论和交流。

▲ 2013美居奖系列活动——设计管理交流会活动现场

2013"美居奖"获奖项目

中国最美楼盘

★ 佛山凯德天伦世嘉
　设计单位：广州瀚华建筑设计有限公司

★ 上海新江湾城首府
　设计单位：上海中房建筑设计有限公司

★ 北京金茂府
　设计单位：维思平建筑设计（WSP ARCHITECTS）

★ 青岛中海紫御观邸
　设计单位：深圳市梁黄顾艺恒建筑设计有限公司

★ 深圳绿景公馆1866
　设计单位：澳大利亚柏涛（墨尔本）建筑设计有限公司

★ 成都建发浅水湾
　设计单位：水石国际

★ 深圳绿景香颂
　设计单位：深圳市库博建筑设计事务所有限公司

★ 深圳懿德轩
　设计单位：新加坡迈博设计咨询有限公司（深圳）

★ 北海假山
　设计单位：北京MAD建筑事务所

★ 上海天居玲珑湾
　设计单位：悉地国际建筑设计顾问有限公司

中国最美别墅

★ 杭州千岛湖天鹅山顶上别墅
　设计单位：AECOM

★ 西安新兴·圣堤雅纳别墅
　设计单位：博德西奥（BDCL）国际建筑设计有限公司

★ 呼伦贝尔珊瑚墅别墅区
　设计单位：北京奥思得建筑设计有限公司

★ 天津万科东丽湖别墅群
　设计单位：深圳市华汇设计有限公司

中国最美风格楼盘

★ 天津万科四季花城
　设计单位：西迪国际CDG国际设计机构

★ 三亚金茂海景花园
　设计单位：深圳市华域普风设计有限公司

中国最美人居景观

★ 北京万科北河沿甲柒拾柒号
　设计单位：奥雅设计集团

★ 东莞·天骄峰景
　设计单位：GVL国际怡境景观设计有限公司

★ 南京世茂·君望墅
　设计单位：广州山水比德景观设计有限公司

★ 龙湖·嘉屿城
　设计单位：上海魏玛景观规划设计有限公司

★ 南通万濠华府
　设计单位：深圳市东大景观设计有限公司

★ 贵阳花果园G区万花城
　设计公司：深圳市雅蓝图景观工程设计有限公司

★ 绍兴金昌香湖岛
　设计单位：杭州安道建筑规划设计咨询有限公司

★ 贵辰河南通用航空产业基地
　设计单位：上海天合润城景观规划设计有限公司

▲ 2013美居奖系列活动——颁奖典礼1

▲ 2013美居奖系列活动——颁奖典礼2

2013 "Meiju Award" Winning Projects

中国最美商业地产

★ 黄山置地·黎阳IN巷
设计单位：澳大利亚柏涛（墨尔本）建筑设计有限公司

★ 扬州金地艺境商业街
设计公司：鼎世设计集团鼎视环境设计有限公司

★ 香港华润大厦
设计单位：吕元祥建筑师事务所

中国最美旅游度假区

★ 龙虎山游客服务中心
设计单位：东南大学建筑设计研究院深圳分院
（深圳市东大建筑设计有限公司）

★ 大理洱海养生度假小镇
设计单位：维思平建筑设计（WSP ARCHITECTS）

中国最美酒店

★ 千岛湖润和建国度假酒店
设计单位：上海秉仁建筑师事务所

★ 平远盛世富港酒店
设计单位：天萌（中国）建筑设计机构

★ 东莞市迎宾馆
设计单位：深圳市东大建筑设计有限公司

★ 广东清远喜来登狮子湖度假酒店
设计单位：华森建筑与工程设计顾问有限公司

中国最美文化建筑

★ 深圳大鹏地质博物馆
设计单位：香港华艺设计顾问有限公司

★ 香港城市大学学术楼（三）
设计单位：吕元祥建筑师事务所

中国最美样板间

★ 苏州湖滨四季别墅样板房
设计单位：梁志天设计师有限公司

★ 重庆万科悦湾A3平层洋房
设计单位：矩阵纵横设计团队

★ 佛山保利中汇花园样板房
设计单位：广州道胜装饰设计有限公司

中国最美空间

★ 新疆中航翡翠城中心会所
设计单位：PINKI品伊创意集团＆美国IARI刘卫军设计师事务所

★ 漳州君悦黄金海岸营销中心
设计单位：深圳大易室内设计有限公司

★ 深圳太合南方办公室
设计单位：深圳太合南方建筑室内设计事务所

▲ 2013美居奖系列活动——颁奖典礼3

▲ 2013美居奖系列活动——颁发理事单位牌匾

论坛同时还进行了《新楼盘》杂志2014年新加入理事单位证书颁发仪式。

★ 副理事长单位
上海中建建筑设计院有限公司

★ 常务理事
上海海意建筑设计有限公司
深圳禾力景观规划与景观工程设计有限公司
深圳文科园林股份有限公司
深圳汇境景观规划设计有限公司
深圳汇境景观装饰工程有限公司
广州市四季园林设计工程有限公司
加拿大AIM国际设计集团

深圳灵颂建筑景观设计有限公司
上海天合润城景观规划设计有限公司
上海魏玛景观规划设计有限公司
广州汉克建筑设计有限公司
广州邦景园林绿化设计有限公司

FEATURE | 专题

> **中国最美楼盘**

佛山凯德天伦世嘉
Beau Residence in Foshan

设计单位：广州瀚华建筑设计有限公司
Designed by: Guangzhou Hanhua Architects + Engineers Co., Ltd.

获奖理由：

具有岭南文化特色的社会人文宜居社区。入户花园、楼与楼相连的"空中院落"满足老城区佛山人的情感需求，表达出当代新岭南文化的趣味。

中国最美楼盘

上海天居玲珑湾
Tianju Jade Bay, Shanghai

设计单位：悉地国际建筑设计顾问有限公司
Designed by: CCDI

获奖理由：

整体风格利用简洁的新古典及北美建筑语言，加上明快的色彩的处理，配以不同的层数组合，使建筑群体高低有序，并产生丰富的天际轮廓线。

FEATURE | 专题

中国最美楼盘

北京金茂府
JIN MAO PALACE in Beijing

设计单位：维思平建筑设计（WSP ARCHITECTS）
Designed by: WSP ARCHITECTS

> 获奖理由：
>
> 新Art-Deco建筑风格；源于旧巴比伦王国"悬空园"(HANGING GARDEN)的景观设计；运用了多项绿色科技，是集环保建筑和智能化建筑于一体的人居典范。

中国最美楼盘

北海假山
Fake Hills

设计单位：北京MAD建筑事务所
Designed by: MAD Architects

获奖理由：

建筑外观具有象征意义，设计大胆，创意感强，同时又保证了建筑的密度，使项目最终成为北海的新地标。

FEATURE | 专题

中国最美楼盘

青岛中海紫御观邸
Violet Palace in Qingdao

设计单位：深圳市梁黄顾艺恒建筑设计有限公司
Designed by: LWK & Partners (HK) Ltd.

获奖理由：

立面风格统一，在细节的处理手法上，以现代古典元素与符号恰当地引入城市文脉，建筑气质独具一格。

中国最美楼盘

深圳绿景公馆1866
Shenzhen China 1866

设计单位：澳大利亚柏涛（墨尔本）建筑设计有限公司
Designed by: Peddle Thorp Architects Melburne Asia

获奖理由：

立面风格打破常规，通过引导向上的视线，使近百米的建筑显得挺拔；施工良好，设计熟练，有商业价值。

中国最美楼盘

成都建发浅水湾
Chengdu C&D Repulse Bay (Phase II)

设计单位：水石国际
Designed by: W&R GROUP

获奖理由：

　　选用法式建筑风格，外形丰富而独特，形体厚重，贵族气息在建筑的冷静克制中优雅的散发出来。错落有致的建筑轮廓线和丰富的光影变化，配合宅前宅后郁郁葱葱的林木，犹如童话森林里的小屋。

中国最美楼盘

上海新江湾城首府
New Jiangwan City in Shanghai

设计单位：上海中房建筑设计有限公司
Designed by: Shanghai ZF Architectural Design Co., Ltd.

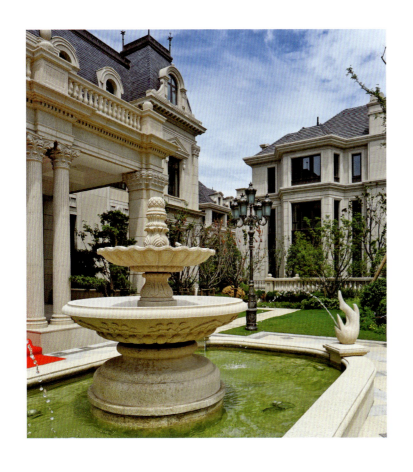

获奖理由：

"法式红酒庄园"主题定位，住宅建筑立面采用古典法式建筑风格，通过从规划、建筑、景观到室内精装，营造自内而外的纯正法式建筑风格。

FEATURE | 专题

中国最美楼盘

深圳绿景香颂
Shenzhen Lvjing Xiangsong

设计单位：深圳市库博建筑设计事务所有限公司
Designed by: Shenzhen Cube Architecture Design Office LTD.

获奖理由：

建筑设计综合考虑使用功能要求和精神功能要求，以创造生态环境与人文环境的和谐统一，打造良好的社区形象。

中国最美楼盘

深圳懿德轩
Shenzhen Yide Xuan

设计单位：新加坡迈博设计咨询有限公司（深圳）
Designed by: MAPA Architectural Design Consultancy Services Ltd

获奖理由：

外观为异域风格，外形设计灵感来自中国传统折纸灯笼造型，创意独具匠心，设计手法专业。

FEATURE | 专题

中国最美别墅

呼伦贝尔珊瑚墅别墅区
Hulun Buir Coral Villa

设计单位：北京奥思得建筑设计有限公司
Designed by: Beijing Honest Architectural Design Co., Ltd.

获奖理由：

西班牙建筑风格，主线条简洁明快，打破当地传统建筑的陈旧灰暗风格；在开阔奔放的内蒙古大草原上，充分打造起伏的自然地形，形成山水映衬的田园格局。

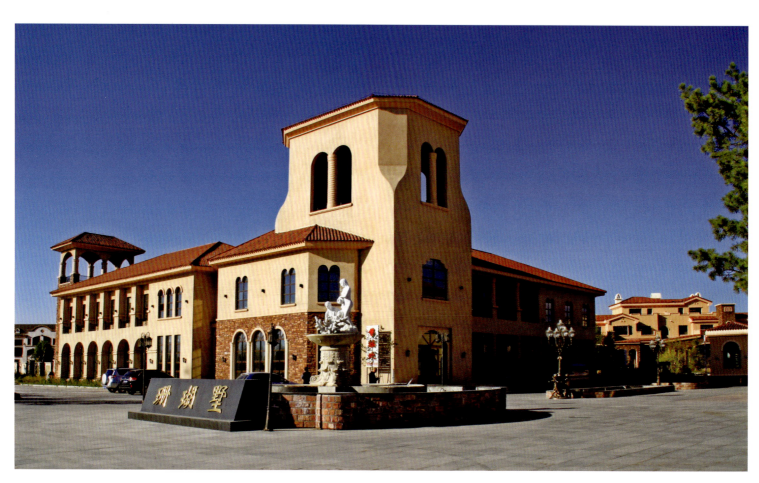

中国最美别墅

西安新兴·圣堤雅纳别墅
Sintayana in Xi'an

设计单位： 博德西奥（BDCL）国际建筑设计有限公司
Designed by: BDCL

获奖理由：
异国风情的建筑与中国传统的院落文化相结合，解决了传统别墅组合方式、结构的单调，也弥补了容积率点低的缺点。

杭州千岛湖天鹅山顶上别墅
Villa on Top of Swan Mountain in Thousand-island Lake, Hangzhou

设计单位：AECOM
Designed by: AECOM

获奖理由：

传统江南聚落模式的空间规划，院落、街巷、广场等自然有序的多层次邻里空间序列，强调别墅特征和东方式的院落体验。

MEIJU AWARD | 美居奖

中国最美别墅

天津万科东丽湖别墅群
Vank dream land of Dongli Lake, Tianjin

设计单位：深圳市华汇设计有限公司
Designed by: Shenzhen Huahui Design Co., Ltd.

获奖理由：

赖特草原别墅风格，建筑体量以及平面布局符合草原风格的特点，立面手法强调水平线条感。

FEATURE | 专题

中国最美风格楼盘

三亚金茂海景花园
Jinmao Sea Garden in Sanya

设计单位：深圳市华域普风设计有限公司
Designed by: Pofart Architecture Design Company Limited

获奖理由：
　　富有当代滨海住宅特征的建筑风格，外观色彩划分合理，波浪形的阳台造型独特，建筑识别性高。

中国最美风格楼盘

天津万科四季花城
Tianjin Vanke Wonderland

设计单位：西迪国际CDG国际设计机构
Designed by: Concord Design Group

获奖理由：

社区以北美小镇为原型，呈现多种北美小镇的经典元素，风格独特，最大限度的保留了原地块内长约300m的原生树带，生态环境良好。

FEATURE | 专题

中国最美人居景观

南京世茂·君望墅
Nanjing Shimao · Jun Wang Shu

设计单位：广州山水比德景观设计有限公司
Designed by: Sun & Partners Incorporation

获奖理由：

　　景观设计集新亚洲风情和江南特色为一体，以"山、木、花、水"等自然元素，打造出南京市面上从未有过的"梯田"式景观，达成"离尘不离城"的设计目标。

中国最美人居景观

贯辰河南通用航空产业基地
Guanchen Henan General Aviation Industrial Park

设计单位：上海天合润城景观规划设计有限公司
Designed by: Shanghai Tianhe Runcheng Landscape Planning & Design Co., Ltd.

获奖理由：

整体景观大气恢弘，围绕太极文化，贯穿生态理念，体现时代的精神；景观设计手法专业，强调细节，体现了安阳深厚的文化底蕴。

中国最美人居景观

北京万科北河沿甲柒拾柒号
Beijing Vanke Beiheyan Jia No. 77

设计单位：奥雅设计集团
Designed by: L&A Design Group

获奖理由：

景观设计为新中式园林的空间序列，在重要景观节点上打造"静、清、雅"三个特性，景观风格鲜明。

MEIJU AWARD | 美居奖

中国最美人居景观

龙湖·嘉屿城
Longfor ISLAND IN THE CITY

设计单位：上海魏玛景观规划设计有限公司
Designed by: Weimar Group

获奖理由：

　　别墅区采用别具特色的五重景观设计手法，营造宅前屋后皆为绿色的舒适生活，景观风格强调与建筑风格相和谐。

FEATURE | 专题

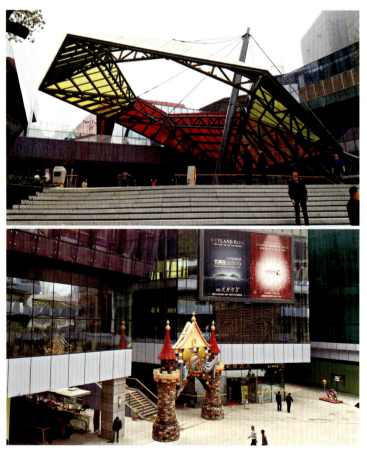

中国最美人居景观

贵阳花果园G区万花城
Wanhua City in Area G, Huaguoyuan, Guiyang

设计单位：深圳市雅蓝图景观工程设计有限公司
Designed by: Art Landscape Team

获奖理由：
　　景观设计集主题性、视觉性、商业性、功能性和文化性于一体，包罗万象、色彩缤纷。

中国最美人居景观

南通万濠华府
Nantong One House Mansion

设计单位：深圳市东大景观设计有限公司
Designed by: Dongda Landscape Design

获奖理由：

设计以还原庭院空间、营造亲切家园为设计理念。运用现代的ART-DEGO设计风格，注重质朴大方的语言和实用功能，采用变化的空间模式引发无限的空间遐想。

FEATURE | 专题

中国最美人居景观

绍兴金昌香湖岛
Shaoxing Majestic Mansion

设计单位：杭州安道建筑规划设计咨询有限公司
Designed by: A&I International

获奖理由：

景观设计以"游轮社区"为母题，设计合理，沿用建筑风格，创造出富有古典气息的现代庄园意境。

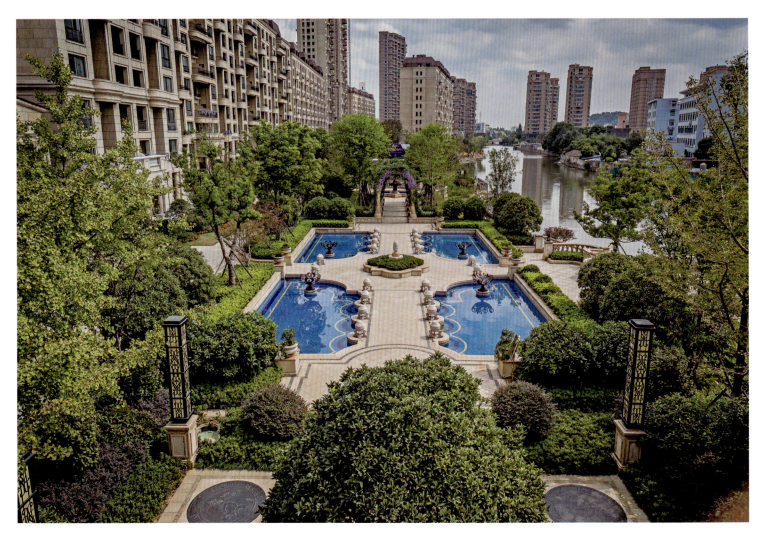

MEIJU AWARD | 美居奖

中国最美人居景观

东莞·天骄峰景
Dongguan Everbright · Tian Jiao Feng Jing

设计单位：GVL国际怡境景观设计有限公司
Designed by: International Greenview Landscape Design Limited

获奖理由：

　　景观设计以"亲山亲水亲自然"为主题，营建天湖园林景观，倡导回归自然；入口景观独具特色，风格自然写意，设计手法娴熟。

中国最美商业地产

扬州金地艺境商业街
Yangzhou Art Wonderland Commercial Street

设计单位：鼎世设计集团鼎视环境设计有限公司
Designed by: De-sign Architectural

获奖理由：

体验空间的塑造精炼了街区街市生活瞬间的风格和品质，项目并非只是对建筑立面的表皮包装处理，更是利用了场景再现的手法强化整个街区性格的展现。

MEIJU AWARD | 美居奖

中国最美商业地产

香港华润大厦
China Resources Building, Hong Kong

设计单位：吕元祥建筑师事务所
Designed by: Ronald Lu & Partners

获奖理由：
设计于大厦中加入绿化理念，翻新工程既保存了建筑原物，同时令它成为二十一世纪可持续发展的设计典范。

FEATURE | 专题

中国最美商业地产

黄山置地·黎阳IN巷
Huangshan Zhidi Liyang IN Lane

设计单位：澳大利亚柏涛（墨尔本）建筑设计有限公司
Designed by: Peddle Thorp Architects Melburne Asia

> **获奖理由：**
>
> 设计上在保持明代徽州建筑风格的基础上植入现代的建筑语言，重现黎阳老街旧日的繁荣与辉煌，既展现古镇的厚重历史，又体现出现代都市时代的特征。

中国最美旅游度假区

龙虎山游客服务中心
Mount Dragon and Tiger Visitor Servie Center

设计单位：东南大学建筑设计研究院深圳分院（深圳市东大建筑设计有限公司）
Designed by: Architects & Engineers Co., Ltd.
of Southeast University (Dongda Landscape Design)

获奖理由：

整座建筑融入道教文化中的阴阳相生、刚柔并济、天人合一的理念，具有强烈的震撼效果。

FEATURE | 专题

中国最美旅游度假区

大理洱海养生度假小镇
Dali Erhai Resort Town

设计单位：维思平建筑设计（WSP ARCHITECTS）
Designed by: WSP ARCHITECTS

获奖理由：

　　设计传承了大理白族传统文化，建筑造型新颖飘逸又不失传统韵味，材料的选择契合了当地的气候与人文特点。

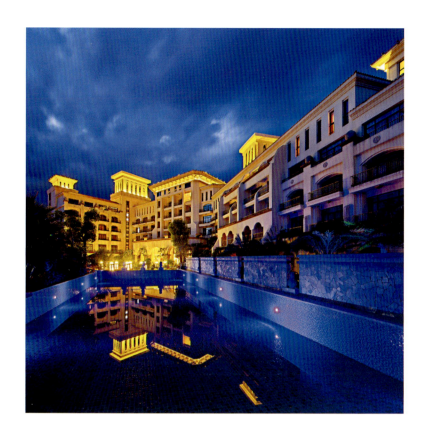

中国最美酒店

平远盛世富港酒店
Pingyuan Shengshi Fugang Hotel

设计单位：天萌（中国）建筑设计机构
Designed by: Guangzhou Teamer Design Consultant Co.Ltd

获奖理由：

建筑传承客家民居风情，建筑立面充分利用山地建筑的特点，轮廓线丰富舒展，颇具现代时尚感。

FEATURE | 专题

中国最美酒店

东莞市迎宾馆
Dongguan Guesthouse

设计单位：深圳市东大建筑设计有限公司
Designed by: Dongda Landscape Design

获奖理由：

建筑造型设计上，夸张的屋顶、大尺度的雨棚、敦实的基座，都巧妙地突出了该酒店山水休闲的特征。

MEIJU AWARD | 美居奖

中国最美酒店

千岛湖润和建国度假酒店
Qiandao Lake Runhe Jianguo Hotel

设计单位：上海秉仁建筑师事务所
Designed by: DDB International Ltd. Shanghai

获奖理由：
　　采用新古典主义的造型手法，结合当地建筑的特色，建筑体型上采用坡屋顶跌落的方式以顺应山体的走势，酒店仿若生长于环境之中。

FEATURE | 专题

中国最美酒店

广东清远喜来登狮子湖度假酒店
The Sheraton Convention Hotel on the Shizi Lake of Guangdong Qingyuan

设计单位：华森建筑与工程设计顾问有限公司
Designed by: Huasen Architectural & Engineering Designing Consultants Ltd.

获奖理由：

酒店设计以阿拉伯建筑符号为特色，以空中花园的建筑形态、一千零一夜的人物传说雕塑和壁画打造一个具有异域风情的商务会议酒店。

MEIJU AWARD | 美居奖

中国最美文化建筑

深圳大鹏地质博物馆
Shenzhen Dapeng Geography Museum

设计单位：香港华艺设计顾问有限公司
Designed by: HUAYI Design

获奖理由：

建筑表皮为火山石纹理，呼应建筑本身，整个建筑群看起来像是天然岩石置于场地之内，非常和谐。

中国最美文化建筑

香港城市大学学术楼（三）
Academic 3, City University of Hong Kong

设计单位：吕元祥建筑师事务所
Designed by: Ronald Lu & Partners

获奖理由：

以可持续发展为方向，建造出一座与香港狮子山背景呼应的绿色地标性建筑，生态自然。

FEATURE | 专题

中国最美样板间

苏州湖滨四季别墅样板房
Suzhou Lake Geneve Show Flat

设计单位：梁志天设计师有限公司
Designed by: Steve Leung Designers

获奖理由：

　　设计手法上突出现代感，以米啡色为设计主调，透过优雅细腻的布局，糅合中西方艺术元素，品位盎然。

中国最美样板间

重庆万科悦湾A3平层洋房
Chongqing Vanke Tianqin Bay A3 Leveling Show Flat

设计单位：矩阵纵横设计团队
Designed by: Matrix Interior Design

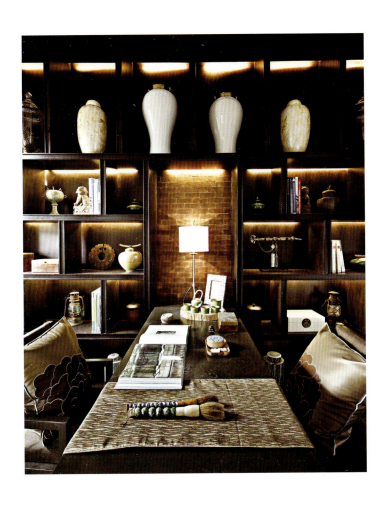

获奖理由：

以黑、白、灰为主色调，明快的线条和明朗的空间构图犹如一幅飘逸舒展的水墨写意画，清雅质朴。

中国最美样板间

佛山保利中汇花园样板房
Foshan Poly Central Garden Show Flat

设计单位：广州道胜装饰设计有限公司
Designed by: Daosheng Design

获奖理由：

该样板房以花为题，软装与硬装上"花"元素的运用，成就了此案的精髓与灵魂。

中国最美空间

深圳太合南方办公室
Shenzhen TAIHE NANFANG Office

设计单位：深圳太合南方建筑室内设计事务所
Designed by: Shenzhen TAIHE NANFANG Interior Design

获奖理由：

　　设计上保留原有的建筑梁位形态之美，色彩对比、艺术灯、配饰画烘托出了空间气氛。

> 中国最美空间

新疆中航翡翠城中心会所
Xinjiang Jadeite Town Central Club

设计单位：PINKI品伊创意集团&美国IARI刘卫军设计师事务所
Designed by: PINKI INTERIOR DESIGN | Liu & Associates (Iari) Interior Design Co., Ltd.

获奖理由：

　　设计上富有节奏感，大尺度形式统一的美式大拱门洞贯通各功能区域，视野开阔，气势恢弘。

MEIJU AWARD | 美居奖

中国最美空间

漳州君悦黄金海岸营销中心
Zhangzhou Grand Coast Sales Center

设计单位：深圳大易室内设计有限公司
Designed by: Shenzhen DaE Interior Design Co., Ltd.

获奖理由：
　　设计采用现代简约的风格，向外的整个墙面以落地玻璃建造，将室外绝佳风景融入室内，整个空间显得大气沉稳。

LOW-DENSITY FRENCH-STYLE COMMUNITY | Ocean Palace, Beijing

低密度法式风情社区 —— 北京远洋天著

项目地点：中国北京市大兴区
开 发 商：远洋地产
设计单位：北京维拓时代建筑设计有限公司
总用地面积：541 000 m²
总建筑面积：437 000 m²

Location: Daxing, Beijing, China
Developer: Sino-Ocean Land
Architects: Beijing Victory Star Architectural & Civil Engineering Design Co., Ltd.
Total Land Area: 541,000 m²
Total Floor Area: 437,000 m²

建筑外立面为法式建筑风格，高贵浪漫，造型严谨，比例协调，气势恢宏；园林景观结合自然丘林、水泊等元素，步移景异，令人流连忘返。

With French-style facades, dignified appearance and modest proportion, the buildings look romantic and magnificent. And the landscape design has taken advantage of the existing hills and waters to create a beautiful environment for people.

项目概况 Overview

项目位于北京大兴区亦庄镇，东侧临天成花园东路，西至径海一路，南至科创一街，北至小羊坊南街、小羊坊中路。

规划设计理念 Planning and Design Idea

以亦庄的城市形象为主体，运用规划设计提高整个城市社区的生活品质，并符合更高层次的规划要求，成为城市有机的组成部分。合理分析开发的优劣势，因势利导。强调人性化设计，构筑舒适怡人的公共环境。力求提高居住环境品质，强调环境资源利用的均好性，打造一个纯生态的绿色文明社区。

整体规划采用内部横向贯穿的景观，与纵向层级递进的景观规划轴形成全区的规划理念，运用人造环境和自然景观两种处理手段在城市形态中产生了一种秩序感，并结合自然的景观条件来创造一个联络于各个组团之间的景观轴线。

NEW CHARACTERISTICS | 新特色

建筑设计 Architectural Design

该项目根据地块的价值品质，在高度上由南向北逐渐递增，分别布置了联排别墅、平层别墅以及花园别墅的产品类型。采用法式建筑立面风格，大气庄重，又富有风情感，以满足多种年龄群客户对浪漫生活品质的向往与追求。法式建筑虽不变化多端，华丽繁复，然而每一栋建筑无不精心构造，于平凡之中显示出华贵。它通过头部等提供丰富的细节，彰显与自然亲近的低密度生活品质，创造温馨、浪漫、典雅、稳重、回归自然的生活氛围。

景观设计 Landscape Design

园林设计结合自然丘林、水泊等自然景观元素，使观者步移景异，流连忘返。丛生蒙古栎大道围绕"蝶翠湖"蜿蜒曲折，蝶翠湖源自"庄周梦蝶"的故事，寓意远洋天著隔绝了都市的尘嚣，人们来此，物我两忘，身心愉悦。与此静态的景观轴线相呼应的是东西向的水景轴线，通过小桥流水结合自然泊岸设计，使居住者得到一种近人尺度的归属感，充分展示人文特质，结合对细部的处理，使文脉得以延续，使建筑和自然最大限度的结合在一起。

户型设计 Housing Design

本项目住宅部分主要为9层花园别墅、4~5层平层别墅和3层联排别墅。住宅户型的设计本着拥有良好的日照、通风及采光；节能、环保、抗震及防止噪音；功能合理，使用方便；满足相关规范的要求等原则进行合理设计。

NEW CHARACTERISTICS | 新特色

地下层平面图 Basement Plan

一层平面图 First Floor Plan

地下层及庭院层平面图
Basement Plan & Courtyard Plan

QUALITY LIVING SPACE OF ELEGANCE AND LUXURY

| No.61 Villa of Logan Grand Riverside Bay

典雅利落、低调奢华的高品质居住空间
—— 龙光水悦龙湾61#独栋别墅样板房

项目地点：中国广东省佛山市
设计公司：深圳市世纪雅典居装饰设计工程有限公司
设 计 师：陈昆明
面　　积：500 m²
主要用材：大理石、布料、皮革、墙纸、木饰面、镀色不锈钢等

Location: Foshan, Guangdong, China
Landscape Design: Shenzhen Hoverhouse Project Design Co., Ltd.
Designer: Kevin chen
Area: 500 m²
Main Materials: Marble, Fabric, Leather, Wallpaper, Wood Veneer, Plated Stainless Steel, etc.

无论是对整体框架的把握还是细节的处理都彰显出设计师的巧思，似乎每一个元素都是为这个空间而生，完美地融合成了迷人的居住空间。

The designer pays attention to both the entire style and every detail. All the elements employed perfectly match the surroundings to create a fascinating living space.

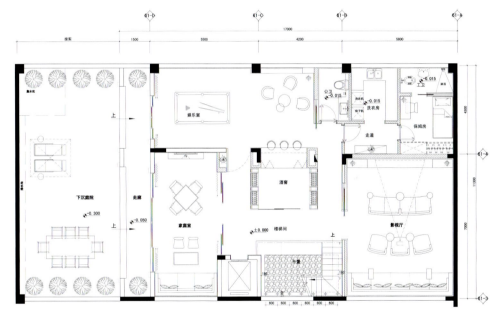

负一层平面图 Basement Floor Plan

一层平面图 First Floor Plan

二层平面图 Second Floor Plan

三层平面图 Third Floor Plan

本案典雅的气质令人印象深刻，以自然垂落于楼梯间的吊饰为例，其姿态灵动典雅，烘托出空间的利落与大气。无论是对整体框架的把握还是细节的处理都彰显出设计师的巧思，每一根线条，每一个空间都经过精心的设计和安排，似乎每一个元素都是为这个空间而生，完美地融合成了迷人的居住空间。设计师在软装装饰上也下足了功夫，质地上乘且融合东方情怀与现代时尚美感的家具配置、华贵的布艺、优雅的水晶灯、工艺品摆件、装饰画灯，都于大气中尽显细节之美。放映室、桌球台、吧台、酒柜等空间的处理，都体现了主人优雅的艺术品味。整个空间在选色上打造出了丰富的层次感，营造出低调奢华的高品质居室氛围。

EXPOSED CONCRETE FACES
ADVANTAGED SEA VIEWS

| 387 Tamaki Drive

水泥肌理表皮 开阔滨海景观——塔马基路387号住宅

项目地点：新西兰奥克兰市圣海利尔斯区
客　　户：Magellan投资公司
建筑设计：伊恩·摩尔建筑师事务所
主创设计师：伊恩·摩尔
设计团队：西蒙·马丁、苏珊娜·莱夫勒、帕特里克·布劳恩
室内设计：伊恩·摩尔建筑师事务所
占地面积：1 218 m²
总建筑面积：2 880 m²
摄　　影：丹尼尔·梅恩

Location: St Heliers, Auckland, New Zealand
Client: Magellan Investments
Architectural Design: Ian Moore Architects
Principal Architect: Ian Moore
Project Team: Simon Martin, Susanne Loeffler, Patrik Braun
Interior Design: Ian Moore Architects
Site Area: 1,218 m²
Gross Floor Area: 2,880 m²
Photographer: Daniel Mayne

整座建筑所有所有的外墙及公共区域的内墙均裸露出原本的水泥肌理，外部空间采用色调简单的材料，与水泥肌理表皮保持和谐统一。

The concrete is left exposed to all external faces and internally to all common areas. The concrete is complimented by a simple palette of materials to the internal spaces.

项目概况 Overview

这座多功能建筑位于奥克兰东郊海滨区，透过北面的豪拉基湾可遥望怀特玛塔港出海口、北海岸及朗伊托托岛。项目基地位于转角位置，横跨塔马基路387号和马赫克街6号。

功能布局 Functions

塔马基路387号建筑底层围绕中心庭院设有银行、餐厅及主入口。庭院可供通行，中间设有一座名为"幼苗"的雕塑。底层地面超出街道标高0.5 m，避免门前停靠车辆对视线的遮挡。二楼设有五间商务办公套间；三楼则是三间公寓，并在马赫克街一侧拥有各自独立的门厅。位于马赫克街6号的建筑部分，底层设有停车位、设备用房及公寓门厅，二楼、三楼分别是一套占据整层的三居室公寓。楼上两层建筑结构完全相同，并未明显区分出商用与家用功能，便于日后的功能转换。

KEY 图示说明
- Balcony 阳台
- Courtyards 庭院

387 Tamaki Drive level 01 plan
St Heliers, Auckland, New Zealand 一层平面图

NEW IDEA | 新创意

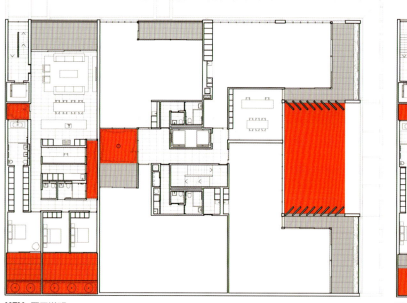

KEY 图示说明
▢ Balcony 阳台
▮ Courtyards 庭院

387 Tamaki Drive level 02 plan
St Heliers, Auckland, New Zealand 二层平面图

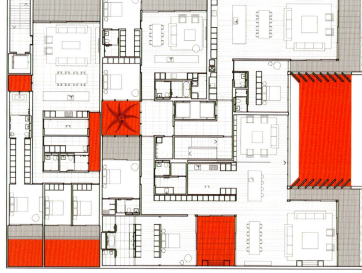

KEY 图示说明
▢ Balcony 阳台
▮ Courtyards 庭院

387 Tamaki Drive level 03 plan
St Heliers, Auckland, New Zealand 三层平面图

建筑设计 Architectural Design

整座建筑采用米白色的预制水泥板和中空水泥地板,而所有的外墙及公共区域的内墙均裸露出原本的水泥肌理。棱角分明的米白色玻璃纤维混凝土片则用于公共庭院的东西墙,有效保护隐私和遮阳的同时还保留了观海视线。外部空间均采用色调简单的材料,与水泥表皮保持和谐统一。所有的公共区域及马赫克街6号的公寓浴室和客厅均采用亚光玄武石铺地;阳台和内部庭院采用米白色预制水泥板;塔马基387号的公寓内则采用白色的橡木地板。台面镶白色可丽耐大理石,壁炉镀黑锌,门窗和栏杆则采用浅灰色粉末喷涂铝合金。所有公寓的核心筒,包括厨房、浴室、洗衣房和书房均采用白色聚氨酯涂层板,将它们与结构墙区分开来。

庭院设计 Courtyard Design

基地另外两侧被建筑围合,形成六个内部庭院,与北侧临街的公共庭院相得益彰。如此一来,整座建筑便拥有了良好的自然光照和通风,唯有商务办公套房需要使用空调系统。同时,庭院还从视觉上延伸了室内空间,提供了良好的景观。塔马基路387号的所有公寓浴室都装有天窗,进一步引入了光照和室外景观。每个单元都拥有超大阳台,可以饱览一线海景。

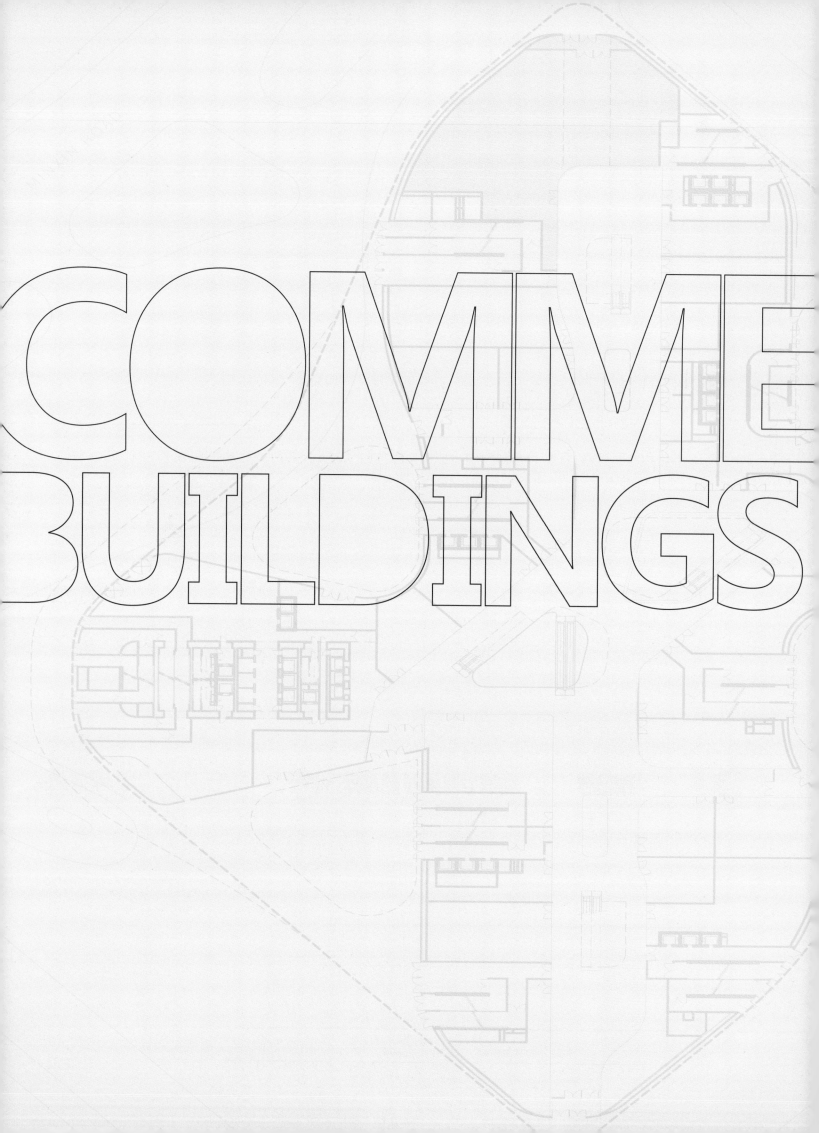

RCIAL 商业地产

P128
宁波泛太平洋酒店：
独具现代气息的城市商务酒店

P136
广州白云电气科技楼：
立面稳重大方 办公空间舒适宜人

P142
东莞益田大运城邦花园二区五期：
地中海风格的新型商业综合体

UNIQUE MODERN BUSINESS HOTEL

Ningbo A1 Housing — Pan Pacific Hotel

独具现代气息的城市商务酒店 —— 宁波泛太平洋酒店

项目地点：中国浙江省宁波市
建筑设计：思邦建筑
总建筑面积：225 000 m²
酒店建筑面积：80 500 m²

Location: Ningbo, Zhejiang, China
Architectural Design: SPARK
GFA: 225,000 m²
Hotel GFA: 80,500 m²

> 酒店设计采用中西文化的结合，并兼顾了泛太平洋酒店惯有的气质及宁波当地的文化底蕴等，创造出一个极富现代感、生机焕发的商务酒店。
>
> Designers not only incorporate Oriental culture with Western culture, but also take Pan Pacific Hotel's customary temperament and local cultural deposit into consideration, creating a modern and radian business hotel.

项目概况

宁波A1号地块位于宁波新四部开发区主水道的东侧和会展中心的正西面。这一地块的设计出发点是本着城市的一个理想视野：摒弃一般的CBD模式，让下班后这一地区的环境仍充满朝气。对此，设计团队建议打造一个融合多功能项目，24小时活动，拉近自然与城市环境距离的包罗万象的雏形。A1号地块被水观轴线分割成南北两块，并且连接着紧靠西部沿河步行道的滨河。北部地块为住宅，餐饮服务及零售规划用地，而南部地块则是一座五星级酒店。该酒店拥有500间客房，150间服务式公寓，会所，餐饮设施，会议中心及容纳1 000人的宴会厅。总建筑面积包括地下室在内多达22.5万km²。

酒店设计

该酒店设计属于典型的城市商务酒店，面积较大，功能较全。商务酒店设计上除考虑了中西文化的结合外，还兼顾了泛太平洋酒店惯有的气质及宁波当地的文化底蕴等多种情感要素。每一个分部空间都因其特殊的性质被赋予了不同的文化精髓。东西方文化及众多情感要素在空间中的融合均采用优雅注意的方式进行。

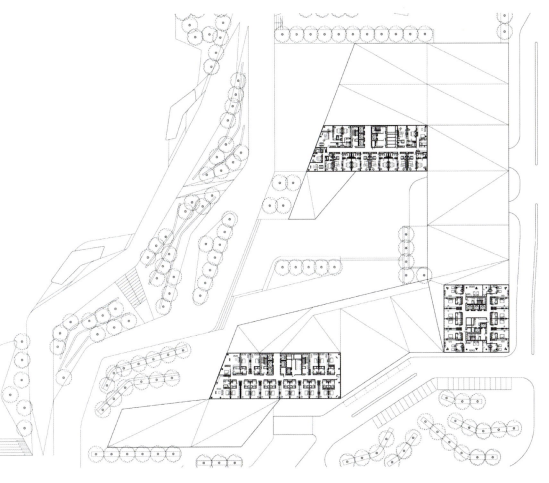

COMMERCIAL BUILDINGS | 商业地产

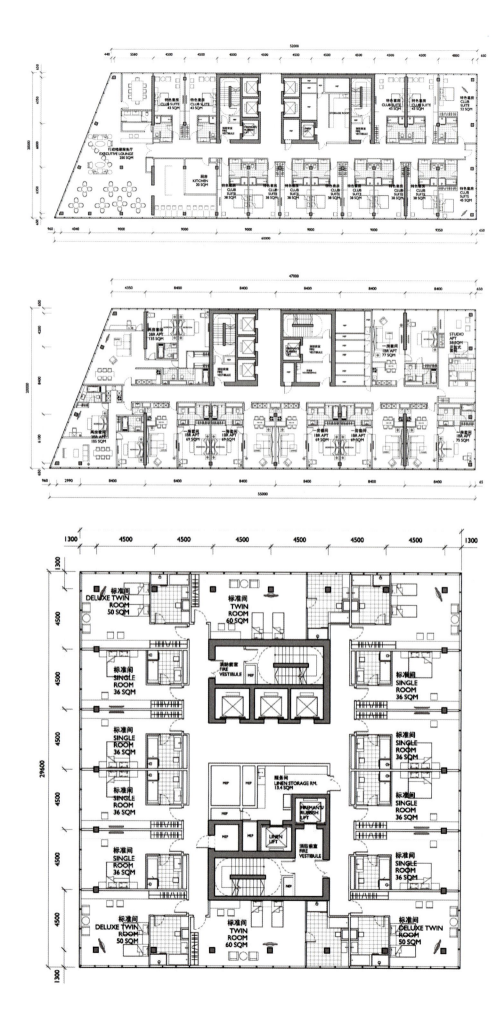

Overview

Ningbo Housing is a mixed-use project situated in Ningbo's New West Development Zone, east of a major waterway and west of the Ningbo Exhibition Centre. The 225,000 m² residential proposal responds to the city's vision to abandon the unsuccessful model of mono culture Central Business Districts. Instead, Spark seeks to create a multi-programmed development that capitalizes on its proximity to the natural and built environments, generating 24-hour activities. Ningbo Housing consists of north and south zones split by a canal that connects to the waterway running along the site's east promenade. The south zone accommodates a 500-room five-star hotel, 150 serviced apartments, a clubhouse, food and beverage services, a convention centre and a 1000-seat ballroom. It is linked to the north zone, which contains residential towers, dining facilities and retail.

Hotel Design

This project is a typical large-scale city business hotel with complete functions. Designers not only incorporate Oriental culture with Western culture, but also take various affective elements such as Pan Pacific Hotel's customary temperament and local cultural deposit. Each segment space is endowed with different cultural essence according to their unique characters. All the cultures and affective elements viewed in this space are being merged in a graceful way.

COMMERCIAL BUILDINGS | 商业地产

COMMERCIAL BUILDINGS | 商业地产

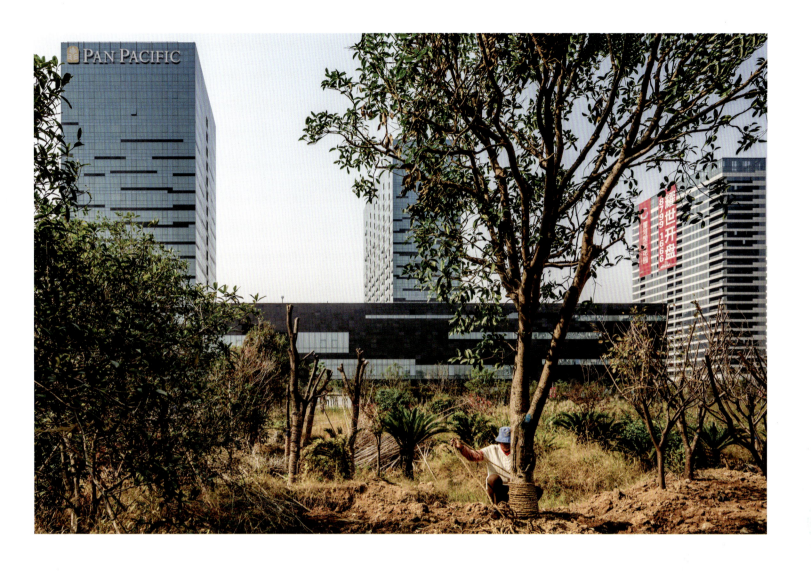

MODEST FACADE, PLEASANT OFFICE SPACE

Guangzhou Baiyun Electrical Sci–tech Building

立面稳重大方 办公空间舒适宜人 —— 广州白云电气科技楼

项目地点：中国广东省广州市
规划方案设计：广州晋泰建筑设计有限公司
建筑面积：50 000 m²

Location: Guangzhou, Guangdong, China
Planning Concept Design: Guangzhou Jintai Architectural Design Co., Ltd.
Floor Area: 50,000 m²

项目概况

白云电气科技楼位于广州白云区民营科技园内。地上19层，地下1层。广州白云电气集团是华南地区最大规模的生产输变配电设备的现代化高新技术民营企业之一。其对总部办公楼的要设计求是：稳重大方，经得起时间的考验。所以该项目的定位是设计工整的平面，提供尺度合适的办公空间。

设计特点通过设置小中庭为办公空间提供识别区，使平淡的办公区增添特色。如首层大堂设两层中庭与二层展厅相连；二、三层另设小中庭使二层展厅与三层的会议中心取得空间的相互渗透；十八、十九层总部办公层设中庭，提升总部办公的气派。

> 项目办公空间尺度宜人，并设置小中庭为办公空间提供识别区；立面设计采用简欧式风格，分段式设计，注重细部，项目整体满足了业主"稳重大方，经得起时间的考验"的设计要求。
>
> This office space boasts pleasant scale and has a small patio area that is provided as an identification zone. Facade is in simple European style, designed by segment and pays attention to detail. In brief, the entire design is modest and can stand the test of time, which meets the owner's requirement.

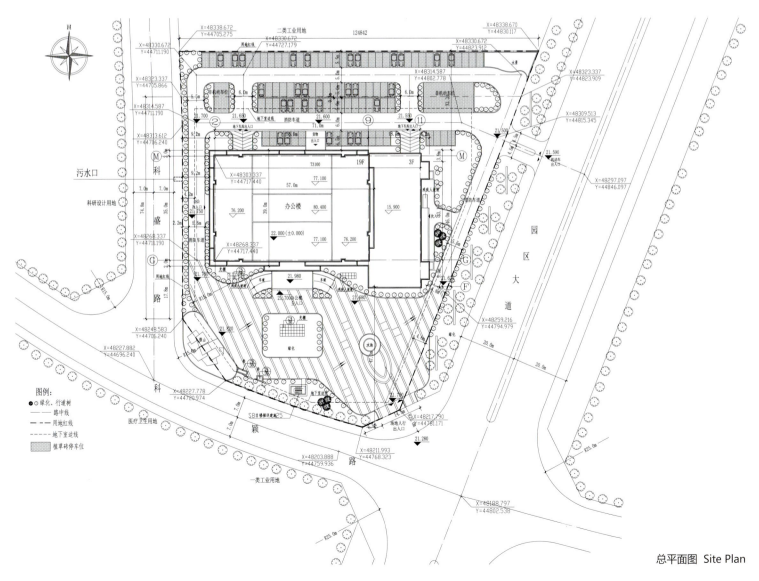

总平面图 Site Plan

COMMERCIAL BUILDINGS | 商业地产

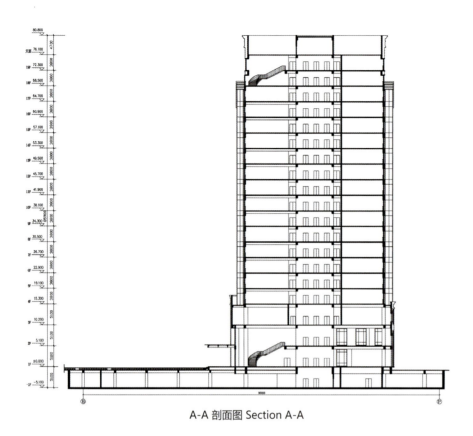

A-A 剖面图 Section A-A

立面设计

立面设计重点突出业主"经得起时间的考验"的设计要求上，因此为建筑物量身定制了"一套西服"，立面采用简欧式风格。材料选用平价的麻面花岗岩及深色铝合金加玻璃结成。立面分三段式：裙房下部以石材为主材加条状窗构成；标准层（中段）部分以竖向石材及竖向窗加转角玻璃幕墙构成；天面（顶段）以铝合金造型构成。

注重立面细部是本项目设计的特色。建筑物下部的窗通过机械感的铝合金窗套与石材门窗套的组合使立面更精致。标准层根据分体空调外装的功能需要，在上、下窗间采用两种方式处理，分别是加百叶及玻璃上附竖向铝条的手法丰富立面。顶部通过铝合金的精细组合来突出建筑的可辨性及唯一性。

COMMERCIAL BUILDINGS | 商业地产

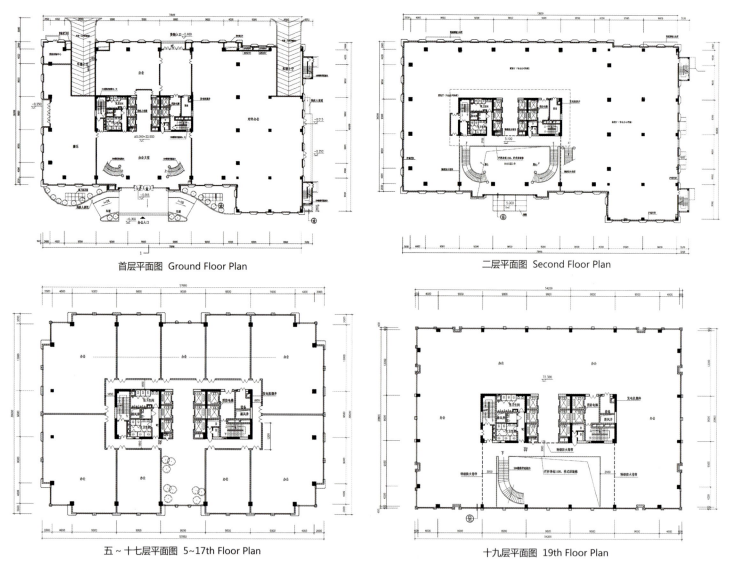

首层平面图 Ground Floor Plan

二层平面图 Second Floor Plan

五~十七层平面图 5~17th Floor Plan

十九层平面图 19th Floor Plan

Overview

Located at Baiyun non-governmental high-tech park, Baiyun Electrical Sci-tech Building is a building with 19 floors above the ground and 1 floor under the ground. Guangzhou Baiyun Electrical Group is one of the largest modern high-tech non-governmental enterprises specialized in producing transmission and distribution equipment in South China. It requires the designers to design a building that is modest and can stand the test of time. Therefore, designers aim to design a neat plane to provide a suitable office space scale.

Design Features

Small patio areas are created to provide recognition for the office space, which light up the plain office space, e.g, a two-storey patio is arranged on the ground lobby and links with the exhibition room on the second floor; two more patios arranged on the second and third floors which make the exhibition room on the second floor and conference room on the third floor interplay with each other; besides, a patio set between the eighteenth and nineteenth floor to enhance the headquarters office in style.

Facade Design

In terms of facade design, designers acted upon with the client's requirement on "standing the test of time" and tailored "a modest European suit" for the building. And the materials they used are inexpensive pockmark granite, dark-colored aluminium alloy and glass. The entire facade is in three different states: the lower part is made of stone (the main material) and strip window, the middle part is constructed by vertical stones and corner glass curtain wall; the upper part is aluminium alloy.

This design is characterized by the facade detail. The windows on the lower part of the building use both mechanical aluminium alloy window frames and stone frames, which make the facade more refined. And the windows on typical floors are arranged in two ways according to the functional requirement of exterior split air conditioner, such as adding shutter and attaching vertical aluminuim strip on glass. In addition, the exquisite combination of aluminium alloy makes the building remarkable and unique.

NEW COMMERCIAL COMPLEX OF MEDITERRANEAN STYLE

| Dynamic Town Garden, Area Two, Phase V

地中海风格的新型商业综合体—— 东莞益田大运城邦花园二区五期

项目地点：中国广东省东莞市
开 发 商：益田集团
建筑设计：深圳市华域普风设计有限公司
总建筑面积：82 150 m²
总占地面积：23 025 m²
容 积 率：3.57
绿 化 率：30%

Location: Dongguan, Guangdong, China
Developer: Yitian Group
Architectural Design: Pofart Architecture Design Company Limited
Total Floor Area: 82,150 m²
Total Land Area: 23,025 m²
Plot Ratio: 3.57
Greening Ratio: 30%

项目旨在打造集购物休闲娱乐为一体的新型life-style商业。弧线内街贯通北面与西面人行出入口，与北面三期内街遥相呼应。为了使各层空间都模拟首层的开阔感，运用了很多退台空间，尺度宜人。建筑采用地中海风格，立面变化丰富，造型活跃。

The project is envisioned to be a commercial complex of new lifestyle for shopping, recreation and entertainment. Arc-shaped indoor street extends to the entrances at the north and west ends, and at the same time echoes the street of phase III on the north. To make every floor feel spacious, spaces are set back with comfortable size. Buildings are designed in Mediterranean Style with dynamic facades and shapes.

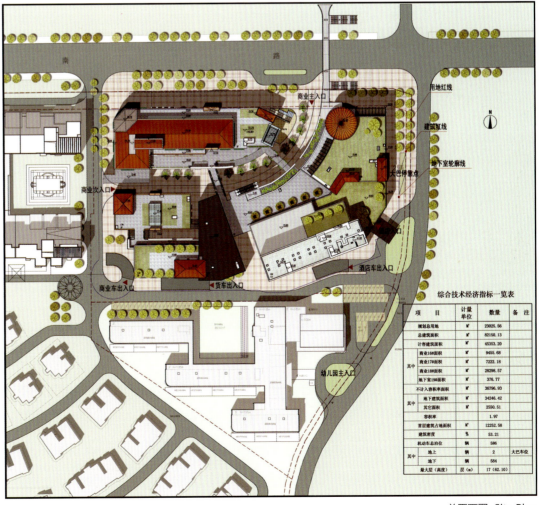

总平面图 Site Plan

COMMERCIAL BUILDINGS | 商业地产

项目概况
项目位于深圳龙岗与东莞凤岗镇交界处，毗邻龙岗13.4 km²的奥体中心。此商业综合体分为商业裙房与酒店塔楼两部分。

设计宗旨
项目旨在打造集购物休闲娱乐为一体的新型life-style商业。弧线内街贯通北面与西面人行出入口，与北面三期内街遥相呼应。为了使各层空间都模拟首层的开阔感，运用了很多退台空间，尺度宜人。建筑采用地中海风格，立面变化丰富，造型活跃。

商业裙房设计
为迎合不同方向的人流，以及化解庞大的商业体量，设计一条东西走向的弧线内街贯穿其中，并与南北向的直线内街相交，将整个商业分为三个岛，同时以架空走廊穿插其中，室内外结合，从而形成丰富的商业空间和景观节点，给消费者带来life-style 这一新型商业模式的创新体验。

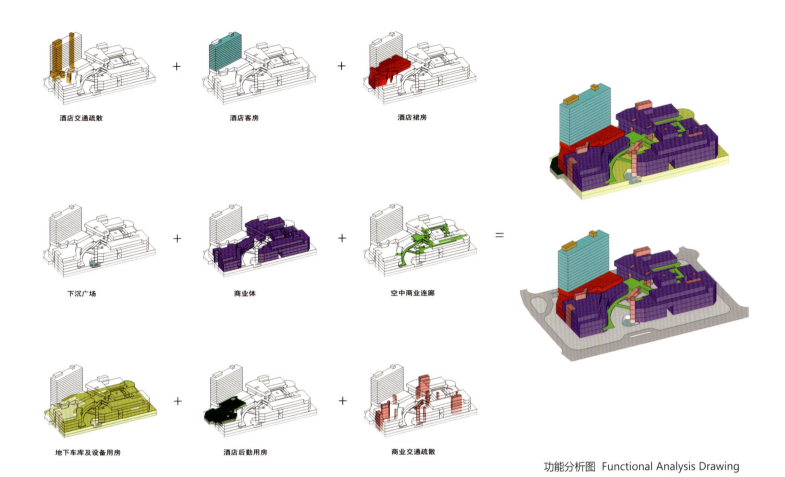

功能分析图 Functional Analysis Drawing

一层平面图 First Floor Plan

二层平面图 Second Floor Plan

COMMERCIAL BUILDINGS | 商业地产

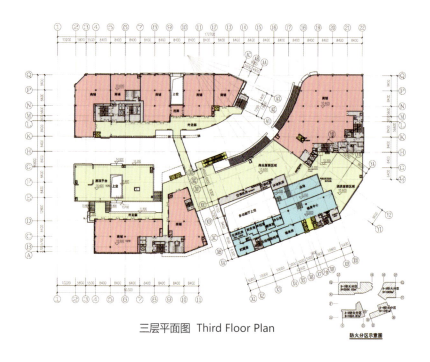

三层平面图 Third Floor Plan

立面设计

立面设计致力于打造地中海风格特色，设计语言相对多元化、活跃化，轻松的商业空间和异域风情的商业形象，给消费者不同的商业体验。立面材质采用各种暖色调搭配，力求温情化和愉悦感。

酒店塔楼立面力求与商业裙房立面相协调，两者相结合形成统一整体，并以暖色为主局部点缀其他活跃色，通过分色化解庞大厚重的体块，同时加以节奏划分，简约挺拔且不失品质感。

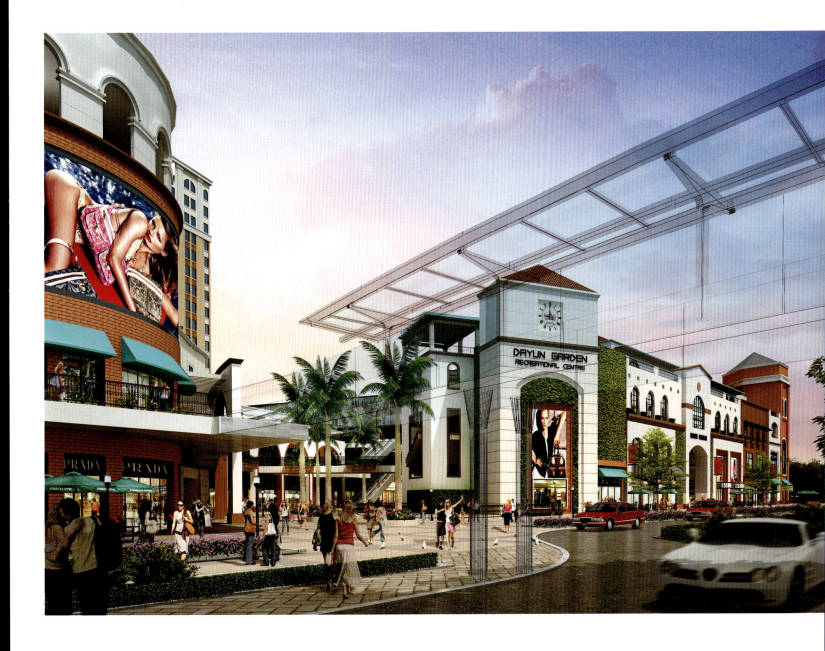

Overview

Located between Longgang Town of Shenzhen and Fenggang Town of Dongguan, the project is adjacent to the 13.4 km² Longgang Olympic Sports Center. It is composed of the commercial annex and the hotel tower.

Design Purpose

The project is envisioned to be a commercial complex of new lifestyle for shopping, recreation and entertainment. Arc-shaped indoor street extends to the entrances at the north and west ends, and at the same time echoes the street of phase III on the north. To make every floor feel spacious, spaces are set back with comfortable size. Buildings are designed in Mediterranean Style with dynamic facades and shapes.

Commercial Annex Design

To welcome people from different directions and avoid huge volume, a arc-shaped indoor street is designed from east to west and intersects with the straight street in south-north direction. The commercial area thus is divided into three "islands" which are connected by sky corridors. Its new life-style model will provide the consumers with special shopping experience.

Facade Design

The facade is designed in dynamic and diversified Mediterranean style. Its relaxed commercial space and exotic style will bring consumers unique shopping experience. The materials are in warm color to give a impression of friendliness and welcoming.

The hotel facade keeps harmonious with the retail part, with some bright colors to make the huge volume look elegant and dignified.

芝加哥凯德(QID)空间设计有限公司
QID CORPORATION

芝加哥凯德设计顾问有限公司
QID CORPORATION CONCEPTUAL DESIGN CO.,LTD

北京东三环弘燕路山水文园

规划 • 建筑 • **商业** • 景观 • 室内 • 营销

T: 0755-2692 5481   F: 0755-2692 3022   E: qid_admin@126.com
www.qiddesign.com/www.qidspace.com

千灯湖新地标京华广场\56万平方米（1栋210m，2栋150m）

more in   www.AIMgi.com

COMMERCIAL 商业地产专篇

加拿大、香港注册的国际品牌
200余人的国际国内设计团队
20余个城市商业综合体项目
少数持有中国中外合资甲级资质的境外设计机构
2009-2013 "中国最具影响力境外设计机构"
2009-2013 "最佳国际设计机构"

广州南站地下商业中心\30万方　　美华国际金融中心\13万方（184m）　联华威斯顿酒店\22万方（190m）　　金沙洲星港城\81万方

梅州客天下半山养生园建筑与景观设计

■ 风景园林专项设计乙级
□ 景观设计　　　　Landscape Design
□ 旅游建筑设计　　Tour Architectural Design
□ 旅游度假区规划　Resorts and Leisure Planning
□ 市政公园规划　　Park and Green Space Planning

广州市四季园林设计工程有限公司成立于2002年，公司由创始初期从事景观设计，已发展为旅游区规划、度假区规划、度假酒店、旅游建筑、市政公园规划等多类型设计的综合性景观公司。设计与实践相结合，形成了专业的团队和服务机构，诚邀各专业人士加盟。

Add:　广州市天河区龙怡路117号银汇大厦2505
Tell:　020-38273170　　　Fax:　020-86682658
E-mail: yuangreen@163.com　　Http://WWW.gz-siji.com

POF 华域普风
POFART ARCHITECTURE DESIGN

最了解中国市场的
创新型建筑设计机构

深圳市华域普风设计有限公司是一家致力于城市空间及建筑设计的专业机构，品质和创意是普风设计实践的立足之本。公司近期作品分布于深圳、成都、重庆、南京、长沙、合肥、广州、佛山、珠海、东莞、惠州、清远、钦州、贵阳、北京、长春、乐山、绵阳、海口、三亚等二十几个城市。

华域普风坚持富有活力、灵活可变的建筑理念以及能自然融入当代社会文化并具有普适性的建筑构想。因此，凭借团队成员在行业多年的项目实际操作经验，普风始终将与客户及建筑使用方共同确定设计条件作为设计自身的重要阶段，并以之作为普风设计实践的根本引导。

Pofart Architecture & Landscape Design Co., Ltd. is a professional institute committed to urban space and architecture design, quality and creativity is the backbone of POF design and practice. Recent works are distributed in over twentiy cities, including Shenzhen, Chengdu, Chongqing, Nanjing, Changsha, Hefei, Guangzhou, Foshan, Zhuhai, Dongguan, Huizhou, Qlingyuan, Qinzhou, Guiyang, Beijing, Changchun, Leshan, Mianyang, Haikou, Sanya, ect.
POF adheres to dynamic and flexible architecture concept, and universal architecture vision which can be naturally integ- rated into contemporary society and culture. Th -us, with many years of practical experience, POF determines design conditions with clients and building users as the important design stage throughout, and as the essential guide for practical design.

诚聘精英

设计主创　　项目经理　　建筑师　　建筑实习生
Design talent　project manager　architect　Architectural intern

热忱欢迎优秀应届毕业生加盟

Address：深圳市南山区海德三道海岸城东座2301　　Http：www.pofart.com
Email：hr@pofart.com　　Tel：0755-86290985 （Ms Chen）

万科·金域蓝湾实景

万科·第五园（三期）实景

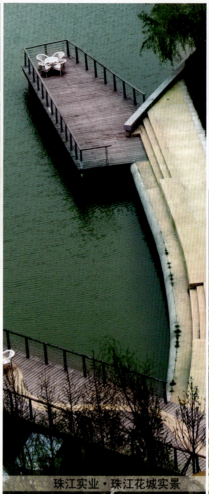
珠江实业·珠江花城实景

深圳·东部华侨城实景

WLK禾力国际
DESIGN+PLANNING

风景园林工程设计甲级资质　　**旅游规划设计乙级资质**

欢迎优秀团队加盟

主题公园、旅游度假项目 THEME PARK, TOURISM, RESORT PLANNING　　**住宅景观项目** RESIDENTIAL LANDSCAPE　　**公共景观项目** PUBLIC LANDSCAPE

公司荣誉：

1997年	深圳"鹏城十景"称号（深圳·青青世界）	2006年	〈松湖烟雨〉东莞市新八景之一（东莞松山湖滨路景区）
2001年	国家4A级景区（深圳·海上田园）	2007年	2007年度中国建筑规划设计区域最具推动力品牌机构
2002年	国家5A级旅游景区（深圳·欢乐谷）	2008年	中国地产最佳合作伙伴最具竞争力品牌100强
2003年	全国首批特色文化广场（南通·濠滨市民广场）	2008年	亚太地区主题公园十强（深圳·欢乐谷）
2004年	中国最具居住价值楼盘（深圳万科·第五园）	2008年	新浪乐居〈中国最美丽的100个楼盘〉（长沙·珠江花城）
2005年	建设部 中国创新示范楼盘（深圳万科·第五园）	2009年	国家示范旅游区（东部华侨城）

加拿大WLK禾力国际设计顾问有限公司
WLK INTERNATIONAL DESIGN CONSULTING LTD

中国-深圳福田区车公庙红松大厦9层G单元　TEL: 86-755-82988000　FAX: 86-755-83933215　邮编: 518000　www.wlklandscape.com